飘逸的云朵

羌族服饰

WISPY CLOUDS

QIANG'S CLOTHING

主编　张　京

撰文　邓廷良　陈　静

摄影　王达军

中国民族服饰文化书系

The Culture of National Costumes in China - A Collection

四川美术出版社

尽现羌族服饰悠远的神韵

序一

服饰，早已不像旧时那般仅仅被认定为蔽体御寒之物，它是一种美的形式，被种种文化与流行的符号所渲染装饰。而民族服饰是最为直观的民族文化特征，在一定程度上看就如同“镜子”一般，折射出民族传承的遗风流韵，但同时也会随着荏苒的时光与变化的自然环境不断演进、发展。尽管它只是“文化体现”的一个小小分支，但依然承载着民族发展厚重的历史，是一部卷帙浩繁的史书，值得人细细品读。

羌族素来便有“民族活化石”之称，起源自殷商时期，为我国最古老的民族之一。《后汉书·西羌传》言：“自爰剑后，子孙支分，凡百五十种。其九种在赐支河首以西，及在蜀、汉徼北，前史不载口数。”尽管如今的羌族只是古老羌族的一个分支，仅余20余万人，多聚居于四川省内，甘肃、青海也有分布，但历经千年仍传承了羌族特有的传统民俗文化。羌族服饰是羌文化极为重要的组成部分，服饰的形制、色彩、纹理设计都与其历史积淀、所处的自然环境存在着密不可分的关系，从而演化出数十种不同的风格，但映射出的文化传统却极富民族特色。

在被誉为“消费时代”的今天，随着文化工业化的发展趋势，人们对文化产品的生产、认知与消费似乎都进入了“流水线”一般的固定模式当中，市场上充斥着以利益为指向、批量复制而成的“文化商品”，标榜创意却毫无可供深入探究的意义。现代人口中不断重复的“潮流”一词在时间的冲刷下越发显得苍白，而我们曾经真正引以为傲的东西却在这样的“潮流”中消失殆尽，难免令人唏嘘。在这样的背景下，近年来掀起了保护各民族物质文化遗产的热潮，以此规避文化趋同所带来的弊端。本书正是在这一时代需求中应运而生，从羌族服饰文化保护的角度出发，对羌族服饰做了系统而详尽的全景式呈现，旨在展现羌族绚烂的服饰文化，推动羌族文化遗产保护与传承工作的开展，增加民族间的文化交流与认同。本书对于弘扬我国民族文化，维护民族团结有着不可忽视的重要作用，极具学术价值、收藏价值与欣赏性。

编著者们不辞劳苦，通过田野调查的方式，多次前往羌族聚居地进行细致的资料采集与整理工作。本书以精美的图片与生动的文字描述，多方位展现了羌族服饰的特征、文化内涵、纹样研究、手工技艺和服饰文化发展路径等内容。希望以稽古怀新的态度，将羌族服饰文化定影于本书的图文流转之间，让打开本书的读者看到羌族人民极富诗意的艺术创造才情，他们对民族图腾的信仰，对大自然的崇敬以及对美好生活的向往。

2008年的汶川大地震让羌族这个饱受磨难的民族受到了全世界的关注，羌族是值得我们敬佩并引以为傲的民族，有着坚韧的民族精神，同时也是构筑中华多民族文化体系不可缺少的一员。希望本书的出版能增进读者对羌族服饰真实面貌的了解与认知，促进羌族服饰文化的保护，为羌族服饰的传承与发展营造适宜的文化氛围。

张京

序二

由著名学者邓廷良、陈静先生撰文，荟萃500余幅摄影佳作，由四川美术出版社精心编辑出版的中国民族服饰文化书系《飘逸的云朵·羌族服饰》一书正式问世了，值此之际，我谨致衷心的敬意与祝贺。这是一项具有强烈形象感知和高学术水准、宣扬与研究羌族文化的鲜活成果，必将以其独有的阅读魅力与收藏价值而赢得重大声誉。

服饰是一种"文化符号"。服饰主人所处的社会状况、自然环境，再到风俗、信仰、审美，乃至生活秩序、身份地位等，都会在服饰这一民族文化中最直观也最富表现力的载体中表现出来，因而也就成为认识一个民族的最便当的、亦是不可逾越的门径。作者正是立足于服饰的基本内涵，对羌族近现代服饰做了周详的叙述与精到的评论。具体表现如下。

第一，从面上按地区特点进行重点分述。如"旧时，这种红色和特定的黑底加绣面的四寸高的包头，是三龙羌族妇女的典型特色，即使在三龙以外的寨子中见到，也能让人一目了然，并判定此人是三龙来客还是嫁入此寨的"；"黑虎羌中的妇女无一例外都要戴万年孝，形成了当地最为独特的白帕包头式样。其俗至今不改，成为黑虎羌妇女服饰最大的与众不同之处"。与此同时，对个别存在的、又含学术价值的服饰作了特别强调："永和与渭门一带的羌族女性服饰中还有独具特色的红绑腿，它不但具有保暖的作用，而且还是迄今仅存在于岷山羌人里的未婚女之标记。"这无疑将引发学术界的关注与调研。

第二，就羌族服饰中最具特色的部分——羊皮褂、百褶裙、云云鞋等作分类叙述。如对羌族标志性服装羊皮褂，作者将其与嘉戎藏人、白马藏人、彝族，以及白族、纳西族进行比较，以论证羊皮褂应为"羌系标志"，充分表明羌族服饰文化的广泛影响。鉴于"巫"对民族文化的重要性，作者对"巫师之服装"做了专述，特别指出羌巫的山形冠约在3000年前即有存在，"绝非某些说法中所说的近2000年前由印度传来之佛教产物"。对山形冠之起源进行了必要的澄清，较之已有成果更富学术深度。

第三，在前述基础上，作者进而对羌族服饰文化的内核做了剖析。指出"羌人服装上的图纹，很多都是自崇拜物形象演化而来的"，其中以火、太阳、白石为主体。因羌族自认是太阳的儿子，也就是火神的儿子，并导致对能生火的白石的崇拜。这些崇拜在衣着上形象地表现出来，如"羌族妇女腰带上的火盆花图案，就是羌人从升腾的火苗中受到启发创作的。此外，在羌族巫师和男性鼓肚（腰包）上、衣角上、围裙上的火焰纹，也是基于对火的热爱"。这些图纹所关含义，作者认为是"提醒人们要记得他们的先民创立家园的艰辛，也提醒人们应遵从的行为规范。这些图纹有的来自远古时期的图腾，有的则是后来加盟者的标志。传统的服装，实际上就是一部抽象的、生动的部落历史"。这些评论是深刻的。

第四，由于羌族处在藏、汉两大民族强烈影响之下，其服饰必然交融了两者的一些因素。对于羌族服饰的"古羌遗韵"，作者进行了可贵的发掘。他们认为通过观察生活在今甘孜州泸定县鱼通的贵琼人，及甘肃省文县白龙江支流发源处的博峪人，还可以从他们身上窥见古羌服饰的踪影。这也将激发研究者对羌族服饰源头的追寻，推进羌族服饰文化研究的深化。

第五，作者对羌族服饰未来的认识令人称道。如："传统文化要发展才能有效地传承，只有保留住民族符号，才能更好地与时俱进，长久留芳。"关于传统羌绣，作者认为其"发展本不够成熟"，"羌绣有个特点，就是尚无定型的图案，刺绣的工具也不够完善……这样，导致图案组织不合理、色彩搭配不协调等现象，不可避免地时常出现。"当今羌绣各方面均有大幅进步，但离精品目标尚有差距。作者看法值得有关部门积极加以参考。

第六，作者在本书中既对羌族服饰进行了综合评述，也对羌族历史作了简明概括。由于作者考察丰富，学养深厚，不仅评论多自成一格，而且新见迭出，因而能在极其有限的文字中纵横驰骋，广为涉猎，传达了大量学术信息，拓展了更为广阔的研究空间，极有助于青年学人的跟进。作者的文字主要是为这本画册服务的，因之行文平实流畅，加之个人经历的生动描绘，可读性也就大为加强。

总观本书，文字是学术性、通俗性兼备，图片是典型性、艺术性兼顾，且又讲究排版，装帧精致，可谓珠联璧合，确系成功之作。

冉光荣

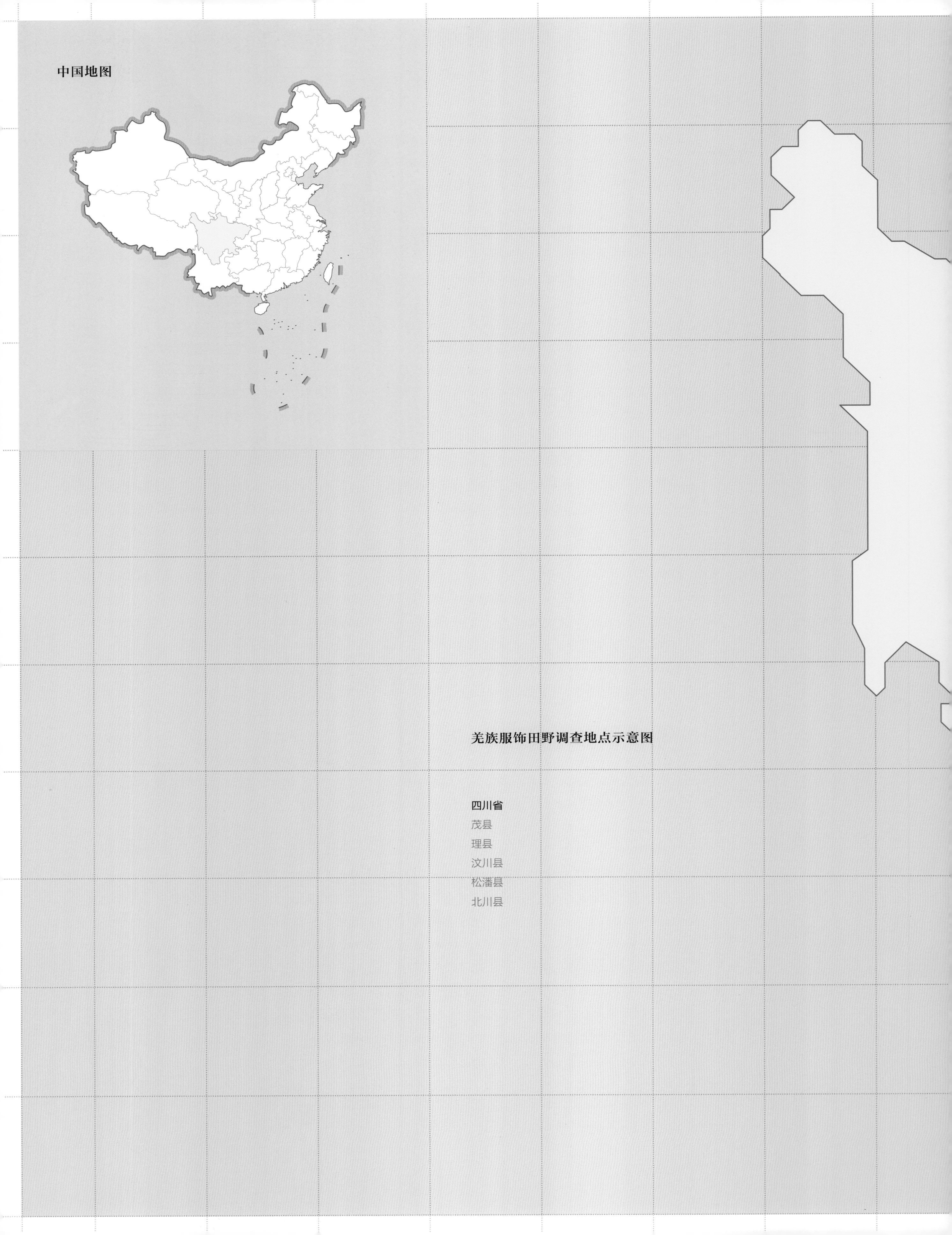
中国地图
羌族服饰田野调查地点示意图
四川省
茂县
理县
汶川县
松潘县
北川县

N
四川省
松潘县
北川县
茂县
理县
汶川县
成都市
省级行政中心
县、县级市
省级界

目录

羌族服饰稽古

1

羌（羌戎、氐羌）在古华夏各部族中，是一个极为重要又极其庞杂的族群。它曾遍布华夏西部，并向东深入华夏形成的核心区域——黄河中下游地区。传说在古老年代，人神共居于世，天和神离得很近，中间隔有一座喀尔别克山，山上是神住的地方，山下是人住的地方，天神倔强聪慧的小女儿木姐珠翻越白雪皑皑、高耸入云的喀尔别克山来到凡间，与牧羊人斗安珠相恋成亲，繁衍了羌人。羌，汉·许慎《说文解字》中说他们是"西戎牧羊人也"，实是泛指在华夏西部逐水草而居的一个庞杂人群，并非皆出一源。就总体而论，当属后来的氐羌族群，且杂有不少北系的鲜卑、契丹以及后世的蒙元血统，还有少许中亚及南亚人种混入其间。这庞大的人群，因同居于华夏之西的广大地域，又有着共同的生产和生活方式（游牧及粗耕农业），逐渐形成了古氐羌族群这一共同体。

有信史以来，氐羌族群最主要的部分在两次东进后，融入了华夏文明的主干。

第一次东进大潮是炎黄东迁至夏周。追随炎黄夏周东迁之部有骊戎、陆浑戎等，诸羌在东部建立

2

图1 战国时期的铜鸟形饰
茂县羌族博物馆馆藏。
图2 战国时期的青铜戈
左边出现的时间晚于右边。
理县桃坪羌寨博物馆馆藏。
图3 残留的铁剑铜柄
理县桃坪羌寨博物馆馆藏。
图4 铜牌
理县桃坪羌寨博物馆馆藏。

3

4

图5 汉代双耳罐
茂县羌族博物馆馆藏。
图6 战国时期的青铜盏
茂县羌族博物馆馆藏。

过吕、申、杞、许等诸多小国。尤其最后一次，周之母族羌人随攻殷商，并为周军统帅，由于功大，太公望之后被封在富庶的齐地，后为春秋五霸之首。

第二次东进大潮则在公元4世纪的南北朝时期，匈奴、鲜卑、羯、氐、羌相继入主中原。尤其以氐人为主体的前秦统一了黄河流域的大片土地，几乎统一华夏。南北朝结束后是隋的短暂统一，其后带有浓厚鲜卑血统的李唐王朝，开创了继汉代以来的又一代盛世。至此，来到中原之氐羌及其他民族，再次几无遗漏地融入了华夏之中。

就如青藏高原的皑皑白雪，渐渐消融而形成了长江、黄河，尽管它们不再是晶莹的白雪了，但那无尽的活力，仍显现在长江、黄河的滚滚洪流之中，显现在江河千古不息的惊涛骇浪之中。那曾遍布古华夏西土的、气势巍巍的古羌，那曾为建立华夏民族建过丰功伟业的古羌，现虽已消失，但其顽强而伟大的生命力——羌文化，仍闪烁在中华民族之中，万古不灭。

最能体现民族文化特色的是语言、服饰与建筑。虽然随着时代的发展，这些方面也必然会有所改变。比如现代社会中，人们不分国度与民族，大多喜穿着方便的“西服”——各式各样的上下装分离的服饰，但是服装的地域性质、民族性质、文化性质却是不能忽略的。服装是因其实用功能而出现的，由人群所处的地理位置、气候及生产生活方式所决定，具有为了“遮丑”并突出“美”（性吸引）及御寒等特性。每个人群的服饰，基本上都是与他们的生存环境相协调、相呼应的。生活在大都市拥挤、繁华、喧嚣环境中的人，生活节奏紧张，故多短衫紧裤，简单而实用；生息在从前等级森严而又繁华的都会中的人，则鲜明地被区分成两类：宽袍大袖、行动迟缓的主人（统治者）和短衣朴素的民众（这是自先秦时代就开始存在的以明确的服饰来区分贵贱的现象）。而生息在人烟相对稀少的岷山中的羌人，其服饰与相同环境中的其他民族一样，色调、制形与当地的环境极协调，就像生长在当地的山川草木一般，或艳丽或朴素，体现了与大自然的呼应与融合。

当然，人类的服饰也必有其共性。因我们不过是共同生息在宇宙间的同一微尘——地球之上的直立裸猿，而且大都经历了最初相同或类似的生活方

5

6

式——狩猎及采集。除通常所说的掌握和使用火是使人猿区别开来的标志之一，如从另一种意义上讨论人与动物的差异，那也可以说人是唯一会制作并穿衣服的动物。可见服饰文化对人类生存之重要。

人类的服饰起源于旧石器时代。太过浓厚的史前迷雾，令我们目前还难以判定“服饰”与“掌握和使用火”究竟谁先出现，但就服饰的功能而言，从古至今，主要是保暖与保护身体，彰显或遮蔽人体的美和丑。有的学者认为，在先民们还在与其他动物杂处时，不论是尚存的体毛或脂肪都足以抵御严寒，乃因惧怕蚊蝇之类骚扰身体最脆弱、最敏感的外生殖器，而发明了最初的服饰。而美学家们则认为，服饰是为了彰显最能吸引异类的“性特征”部位而创造出的装饰，或为遮蔽身体的特殊部位才发明的。这一功能至今未变，且被当代设计师们发挥到了极致。

仅就羌人而言，有文字记载之时已是“逐水草而居”的游牧人，其服饰一般以皮毛为材料，其中以“披毡”独具特色。《后汉书·西羌传·集解》引郭

1

2

图1 汉代的铜俑
茂县羌族博物馆馆藏。
图2 三星堆博物馆青铜立人像
三星堆博物馆馆藏。

图3 骨针
理县桃坪羌寨博物馆馆藏。
图4 铜质针线盒
理县桃坪羌寨博物馆馆藏。
图5 茂县三龙地区羌族妇女劳动服饰，胸前有一大片羌绣

义恭《广志》述："女披大华毡以为盛饰。""披毡"乃是羌族最古老的服饰之一。虽然这是早期服饰的典型，在今天的羌装中已不明显，但还可从同为"氐羌"族的同伴身上找出一些影子。如藏北羌塘的游牧部落中，还能见其大概。从地下文物及古代文献可知，最初在西部高原旷野中游牧的古代羌人的服饰，是"披发左衽"的，使之便于劳作、厮杀。今日高原游牧之民，仍多此装束，且都将衣袍下摆扎在身后，状如羊尾。从前的不少史家以此来解释"有尾濮"。但百越之濮似未远入青海，此当是"羊尾"。氐羌人崇羊，以其为总图腾。连《新唐书·吐蕃传》亦云："蕃人"以原羝为大神。至今在博峪人女装中，仍以宽大的黑腰带于身后扎成一大羊尾，在白马人跳傩时，亦于三眼天王（池戈）身后，以羊皮扎一大羊尾，表演"斗羊"等图腾舞。

骨针的出现，使得用绳子简单地捆绑在身上的兽皮，已经有了最初的"衣服"形状。在青海大通出土的陶盆上，挥手而舞的群像中的人们穿着一种圆鼓鼓的裙，很像当代时髦女的形象，这是另一种服饰。这一情况，大抵自有"服饰"以来，一直流传数千年，直至明末（公元17世纪），几无大的改变。其间，比如公元7世纪崛起的吐蕃王朝，王公贵族的服饰曾受到南亚如尼泊尔等国的影响而改变。但民间广大"诸羌"的服饰，则仍停留在"披发左衽"的基础之上。虽然因织机（腰机）的出现有所改进，但大抵保留了旧时的格局。

裤子在整个华夏部落中出现的时间很晚。不论草地藏族还是白马氐人，至少在20世纪70年代初期，多数儿童还是没穿裤子。居住在深山中的凉山彝族及云贵氐羌系民族，也大抵如此。所以有人言：南方是赤脚穿裙的牧羊民族，而北方是穿靴着裤的骑马民族。这是颇有道理的。赵武灵王"胡服骑射"以后，裤子开始传入华夏，相继影响到南方诸族，"裤"字在其后才出现在汉字中。

裤子传入氐羌系族时，先是影响到男人，因为男子要作战并外出经商，而在妇女中则长久地保留了旧时形态，所以氐羌系的妇女长久地保留了穿长衫及百褶裙的习俗。近代羌族服饰基本上承袭了袍

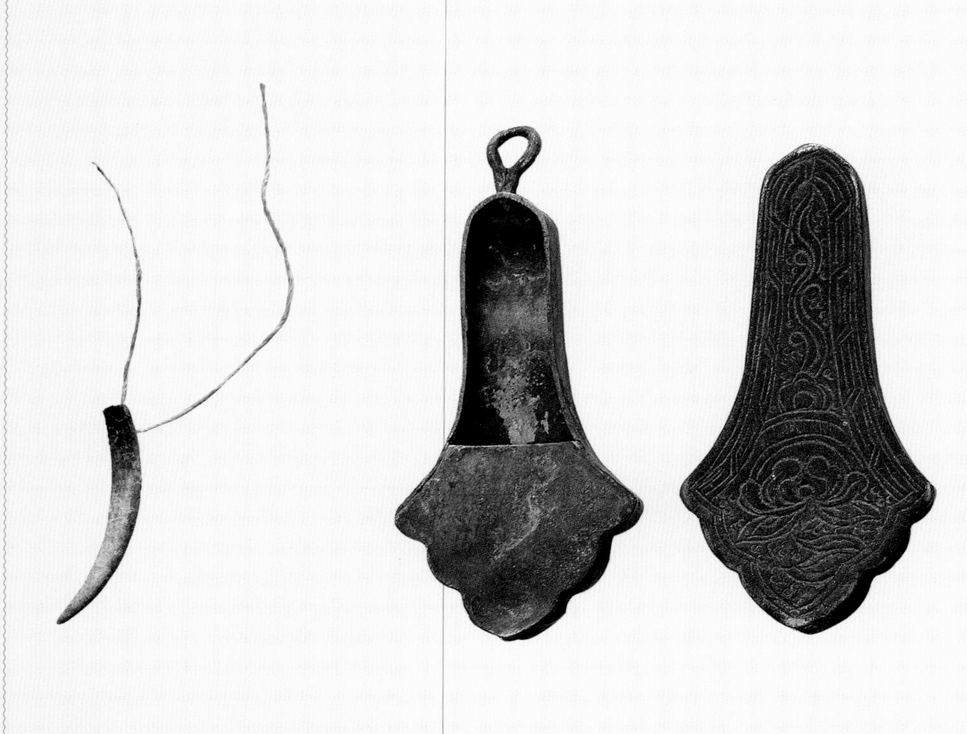

3　4

5

服之制，服饰面料仍以皮裘、毛、麻织品为主。道光《茂州志》载：“其服饰，男毡帽，女编发，以布缠头，冬夏皆衣毽。”羌族缠头之俗在乾隆年间《职贡图》中已经出现。到20世纪20年代，羌族男子已改为缠头了。缠头，即以布帕缠绕头顶，妇女缠头本为羌族古俗，但男子缠头乃是受四川汉区影响。

古羌之服饰，至清入主华夏后历经了三次变革（古羌服饰发展阶段也有三个，在后文《羌族服饰拾零》部分将详细介绍）。第一次发生在清初，当时清统治者强行推行满式发型服饰，一直深入到南方山区诸族。因羌地人口稀少，又紧邻汉界，处在入藏之大道侧，所以在此次变革中大受影响。

清初改变服饰，主要是政治因素造成的。但此时羌人已开始定居农耕，因此已开始改变一些旧时游牧生活遗留的不便于定居耕作的物件，这种改变是羌人服饰的变革，也是整个华夏服饰的一个重大变革。于是，羌人服饰与南方汉族农民的服装有了许多相似之处。但羌族男装的无扣长衫，妇女头上的“一匹瓦”（羌族妇女的头帕，因叠合固定，形似瓦片，故有人称其为“一匹瓦”），以及传统的羊皮褂等被保留了下来。这是羌族服装史上的第一次大变革，虽然羌族服饰受到了满族服饰的许多影响，不过整个民间尚未如藏区那般接受满人的短衫。这次服装的改变，是“满化”而非“汉化”。

第二次变革是300年后的民国初年。那时，岷山东麓如平武、青川等地之羌民，大多早已接受了短衫、马褂、大襟背心等满式服装，或认为自己不再为羌民，或因清末的改土归流，而不再是部落民而成为“编民”了。但如此一来，为了耕作的方便，着短衫、长衫仅作为闲时之装。由于困穷，在大多交通较便利之区，刺绣已渐从服饰上消失。

但民国没有强制推行“西式”服装，在20世纪60年代后，“西式”服装才由城市进入深山。本来，羌与嘉戎一样，都有冬季入蜀当佣工的传统，但在20世纪70年代至80年代之前，这一传统几乎消失，农民被更紧地束缚在土地之上，所以岷山间的羌民很少受到现代服饰的影响。但在20世纪80年代后期，年轻的羌民随同全民进城的打工热潮，大量涌到东中部城市，尤其沿海一带，新的意识与现代服饰自然随之进入羌寨。所以，这第二次“西服”的服

3

1

2

图1 羌族妇女织麻布
图2 羌族妇女织彩布带
图3 羌族过去常用的织布工具——腰机
阿坝一带的传统腰机，共由以下九个部件组成：夹子、滚筒、梭、提线杆、织刀、还线杆、鼻圈、腰带钩、牵杆。羌族制作长衫的毪子或麻布，均为腰机织成。
图4 理县蒲溪乡河坝村羌族妇女在编织腰带
图5 传统织布机
这种织布机结构比腰机复杂，所织出的布料幅宽更宽，花样的种类也增加了。

饰改革，虽持续近百年，却并不彻底。

眼见传统羌服在渐渐淡去固有色彩，旅游的热潮又开始了，这就是羌服的第三次改革。羌服第三次改革（应该是恢复）的高潮，当是由2008年那场巨大的自然灾害——汶川地震造成的。那场地震引起了全世界的关注，受损毁的羌寨在举国援助下得以迅速重建，并相继成为旅游区。羌民为感恩，到全国各地演出，并由此走出国门。这一行动带给羌区人民的是各类传统文化的复苏，其中最为突出的就是羌绣。由于羌民生活水平的提高和改变，更能表现刺绣美感的一些衣料，如红绸、绿缎也为羌寨所接受，还有创新中的高跟绣花鞋（绣花鞋为羌族传统鞋履之一，具体介绍见下文《羌族服饰拾零》一章《云云鞋与绣花鞋》一节）之类，则大有可能被保留成为常装。一些新的形式，如"短衫"之类的新羌服在新时代被创造出来。

传统文化要发展才能有效地传承，只有保留住民族符号，才能更好地与时俱进，长久留芳。

4

5

古羌遗韵

至今，羌人中有一部分支系，原属羌族嫡派之部，在新中国成立初期因地域等因素，被划归它族，如阿坝藏族羌族自治州黑水县的40000名讲羌语的“博倮子”人之类。今仅举一二例较鲜明的，记述其习俗、服饰特点。

贵琼人

自称为“贵琼”的古羌人，今有三支。一支在大渡河西岸的甘孜州康定县鱼通地区，旧属明正土司的瓦斯碉部；一支在西昌的白马乡；另一支在九龙地区。

在地势险峻的大渡河岸边的甘孜州康定县的鱼通贵琼人，其男人包青色或白色长帕，外部打扮均与泸定的汉人无甚差异，唯所穿的山羊皮外褂，是整块全剥的羊皮——头、蹄、尾俱全。这个地区因长期居于汉藏之交界，土司、头人均为藏族，老的习俗几已无存，唯留下12年一次的“羊年大祭”，还可令人记起先祖。据村民讲，羊年大祭的时间在农历十月，届时，村人皆一身穿白，簇拥着同样着白衣、戴白帽的巫师（羌族称为“释比”）。释比扮的是“尸”，即祖先，唱叙着民族的艰辛历程及对后代子孙的祝愿。

2

1

图1 羌族青年女子衣领装饰
图2 三龙地区羌族妇女的四方头帕
图3 火镰
羌族引火工具，一般由铁片制成。可用铁片碰撞白石产生的火星引燃干燥的野棉花，达到生火的目的。羌人最原始的生火方式为两块白石相撞取火，因此，羌人崇拜白石。
图4 羌族男子腰带装饰

西昌白马乡的贵琼人，穿一般形制的羊皮褂。女子以红布缠头，下穿彩色百褶裙，具有典型的羌族服饰特色。

博峪人

生息在甘肃文县白龙江支流发源处的博峪人，只有400至500人，其下游舟曲县境尚有若干村寨为同族。西夏的一首宫廷颂诗中曾写道："红脸祖坟白河上。"其族最初崛起，应在白龙江流域。有着契丹血统的党项，北进建立了与宋、辽鼎峙的西夏王朝。西夏覆灭后，党项人大部已融入汉族之中，唯白龙江流域的故土中，尚留一点孑遗。

这支党项人遗族中的女性头顶黑帕，扎以黄花彩带，身着绣有红色花饰的黑衫，因其地低热，大袖长仅及肘。外穿带黑色花边的红布背心，胸前是小珊瑚珠串成的红色抹胸，外戴直径26厘米（八寸）至33厘米（一尺）的、中嵌红珊瑚的大花银牌，腰缠绣有黑色图案的鲜红围腰，再下为红色长裤、白绑腿，通身红亮。此外，她们还会在身后将其捆腰的大黑带扎成巨大后耸的羊尾，表现出羌族服饰的特色。并且，此支系仍旧保留了"党项羌，猕猴种"的传统图腾标记。

博峪人最大的节日是农历五月五日的采花节，这个节日为纪念开创粗耕农业的猴子而来，所以叫"朱玛柁底"（猴子采花之意）。节日期间，博峪释比要身穿树皮，扮成猴子（朱玛）的模样，到每一家驱邪并送去祝福，各家皆以美酒鲜食招待这只"猴子"。唐代，党项羌曾遍布松潘、茂县之境，当地羌人中的释比亦以金丝猴为祖师，释比作法时也常戴猴皮冠。这应是党项羌一支在岷山羌中所留下的遗痕。

白石、太阳与火崇拜

羌人是尚白的民族，这源于羌民对白石的独特感情。据说，羌族祖先在神的指点下用白石相击取火得到温暖和熟食，因此，白石在羌族传说中对其生存曾起过决定性作用，是羌人的图腾之一。因而长期以来，羌族都用白石象征天神、山神、家神等诸多神灵，并把它们广泛地供奉于山上、屋顶、地里以及石砌的塔中。

白石崇拜在岷山间由来已久，在白狗羌尚未进入岷山间之前，早在3000年前，岷山间的戈基人（蜀山氏之后，据说是嘉戎人的主要先民）石板墓中，就以大量的白石陪葬，将白石散落在尸体的头上或四周。这种丧葬方式应是农耕部落对土地与财富

3

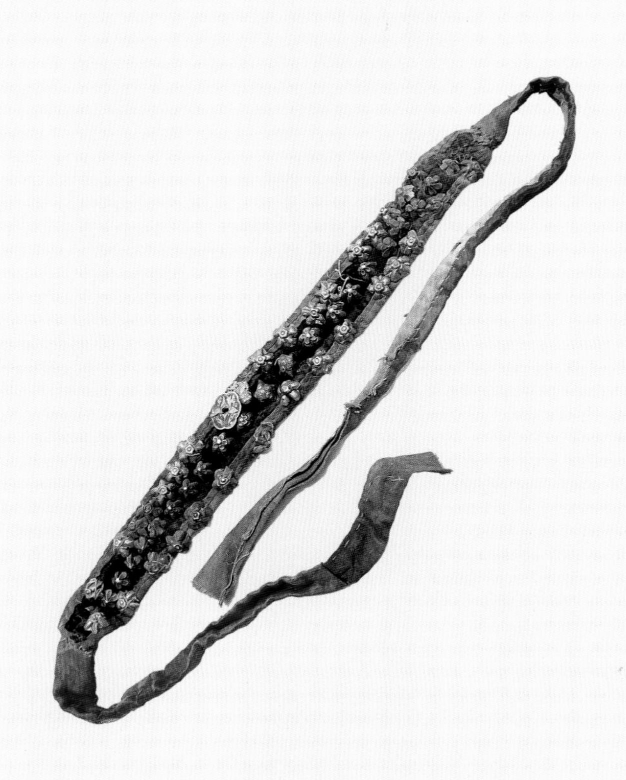

4

向往的象征。至今嘉戎人仍在田间垒白石以祭土地，并用白石堆满房顶与窗台。羌人主要以白石为众神，即五个主要神明——天神、地神、山神、山神娘娘和树神的象征，而各寨往往还有特殊的自然神灵，如四川省阿坝藏族羌族自治州理县乾流寨有鹰神，木卡乡九子寨有岩神，通化乡通化寨有皂角树神等。这种对大自然诸神的崇拜，充分印证了羌人乃“大山之子”“太阳子孙”的说法。羌人意识到，人不过是大自然的儿子，对大自然的崇拜实际上是对生命本身的崇拜，也就是所谓的“天人合一”的崇拜。其中，对“神树”的崇拜，乃是神山崇拜的具体化。羌人以神树为神山的毛发，因人可移徙而神山不可动，乃以神树作为神山之代表，不论迁到何地，村寨都植树以象征旧时的神山。在这一点上，华夏诸族旧时亦保留了母体之一的古羌之俗，夏、商、周各朝以松、柏等树，植于土堆旁为“社”，作为土地神，再加上对农神后稷的祭祀，即为“社稷”，成为国土的象征。发展到后来，就是“社稷”坛，并成为国家和民族之象征。

羌人尚白还体现在他们的服饰上。这与羌人祖先发明了衣服有关。炎帝神农氏教羌人种麻，羌人老祖母“西陵氏嫘祖”，创养蚕之术。蚕丝和麻皆自然色（白色），羌人用之制作的服装，也是原始之色（白色）。如今羌人包白头帕，穿白色羊皮褂、白麻布长衫、白毪子衫、白裤，系白腰带等，从某种程度上也表达了羌族对其远古祖先、神灵的追忆。

羌人以炎帝为祖，炎帝是华夏古代最著名的火神。故而，羌族也是崇拜火与太阳的民族。唐·司马贞《三皇本纪》云：“炎帝……人身牛首……火德王，以火名官……”《左传·昭公十七年》载：“炎帝氏以火纪，故为火师而火名。”由此可见，炎帝以火为德，为火神。且炎帝姓姜，历来被认为是羌人的大宗神，故在羌族中世代传袭炎帝的尚火习俗，不忘祖先功德。

实际上炎帝还是太阳神的化身。羌人自称是太阳的儿子，也就是火神的儿子。与其他生息在苦寒高原的民族一样，羌人极度崇拜太阳和火。对生息在苦寒高原上的民族而言，火不但可驱散猛兽与黑暗，更给人们带来了生存的光明与温暖。在羌人的民谣中，太阳是火的爸爸，白石是火的蕴藏者，是天神太阳赐给羌人的宝贝。所以，氐羌系中的众多族群，都崇拜“卍”——象征太阳光芒的万字纹。

羌人崇拜太阳、火、白石与象征大自然的山，这一连串的事物是相互关联的，是对大自然崇拜的

图1 头戴金丝猴皮帽的羌族释比
图2 羌族男子常用的皮质鼓肚
日常用于装烟、钱等小物件。
图3 毪褂子（羌语音译）
由山羊毛制作，旧时羌族男子的常见服装。
图4 羌族男子日常服饰

1

2

具体体现，并遍及古华夏及整个氐羌族系。西南诸多民族自认为是女娲氏及伏羲之裔，而伏羲手持日，女娲手持月，分别为日、月之神。羌人在小孩出生、结婚、祭山神等仪式上，均要烧制大型的"日月馍馍"以分享族人，就是一种"崇日仰月"的表现。而大山的形象，不仅表现在羌族释比的山岳冠上，也出现在多种刺绣花纹中。

羌人既是太阳——天火之子，也是炎帝火神之裔，对火的崇拜有独特的表现和仪式。在羌人每户皆有的火塘上，有三块支锅的立石，后来发展成为铁三角。铁三角的一支代表天神及父系先祖，另一支则代表地神与母系先祖，第三支则特地挂一个铁环做标记，即是火神。羌人每餐必敬火神，以示对火神的尊重。祭大山时，亦必在塔前燃柏枝，是以圣火来表示对山神的敬意。而且袅袅升空的烟火，可将人们的祈求与祝愿带上天界，以达天听。无论是藏传佛教的煨桑仪式，还是道教中焚烧青词（给天帝的奏章）的仪轨，均源出于此。

古时，羌人皆火葬，其目的乃是回到祖先火神的世界里去。他们相信人死而灵魂不灭，只不过是灵魂去往另一个世界罢了。《吕氏春秋》中记叙说："氐羌之民……不忧其系累，而忧其死不焚也。"闻

3

4

一多在《神仙考》中说，因其为火神之后，不焚则不能回到先祖的图腾社会里去……“道家称此为‘登遐’，即是灵魂能上他们理想之天堂也”。与古羌人有紧密联系的当代凉山彝的毕摩（彝族的巫师）也说：“彝人称倮倮，本为虎族，死后如不火葬，灵魂就不能变回虎，不能回到祖先的图腾世界里去。”

古时氐羌人既崇火，则自古有“火祭”之大典，古称星回节，时在农历六月二十四或正月十五，其中诸羌系在牲口长膘后的农历六月二十五日过此节，而氐系则在庄稼收藏后的正月十五日过火节。

与古羌人有紧密联系的彝、白、傈僳、哈尼等民族皆过火节（今称火把节），只不过凉山彝族的最有名而已。元代诗人文璋甫曾在《火节》一诗中记录了火节盛况：“万朵莲花开海市，一天星斗落人间。”此外，羌人的火塘是不能熄灭的——在早期人还不能以人工取火之时，保存火种如同保存部落一样重要，称之为“万年火”。不少部落都保留了年夜守火种，开年取“新火”的仪式。

与古氐人有紧密联系的今白马人，在正月十五过火节。十五夜，白马人在山顶的小庙中大祭先祖火神后，每人持一支长丈余的火把，在庙前的圣火堆上点燃，然后各寨的火把大队绕行田间，缓步向山下的村寨走去。在漆黑的夜间，远望这一情景，就像一条火龙飞舞盘旋在山体上。人们唱着祈福与歌颂火神的赞歌，一时间歌声冲上夜空，震撼着寒谷山林。天亮前，全寨的人跟在傩舞的天神大队后，将象征瘟疫恶魔的船点燃，直抛下寨外的深渊。甚至汉族今日所过的正月十五灯会，亦可看作对氐系先人正月十五大祭火神的继承和延续。

古羌人对火和太阳的崇拜之情自然地体现在了现代羌族服饰的刺绣上。如羌族妇女腰带上的火盆花图案，就是羌人从升腾的火苗中受到启发创作的。此外，在羌族释比和男子的鼓肚（腰包）上、衣角上、围腰上的火焰纹，也是基于对火的热爱。

由于与太阳神炎帝的渊源，羌人还崇拜火红之色，对它有种特殊的尊重。羌族尚红，祭祀和迎宾时所献的帛巾都是鲜艳的“羌红”，新娘出嫁之装，无不上下红遍，新郎也是周身披挂红色的绸带，在

3

1

2

送亲队首也需以一挂红色的太阳馍馍开道。尚红最完美的表现形式是挂红，挂红时要用羌语念诵献红祝词，大意为“炎帝的子孙是火红的民族，自从燃比娃从天上取来火种，点燃羌族的‘万年火’，挂红就成了尔玛人（羌族的自称）最美好的祝福……”念完后说一声“纳吉纳鲁”（吉祥如意）和“阿特依娜”（一生幸福）。

白石、火和太阳是以羌族的族徽和保护神的身份出现的，具有崇高的象征意味。因此，羌人崇尚和信仰白色和红色，以白为善，红为喜，将民族图腾与服饰文化相结合，赋予白色和红色深厚的人文内涵，通过服饰颜色传递与表现图腾精髓，传承本民族的信仰和文化内涵，具有鲜明的本民族特色。

图腾崇拜，打在服饰上的烙印

图腾实际上是打在民族心中的烙印，即使在现代文明如此发达的今天，图腾依旧凝聚着不同的人群。羌人服装上的图纹，很多都是自崇拜物形象演

5

6

图1、图2 茂县黑虎乡羌族女子劳作服饰
图3 羌族刺绣
领口边的“滚排子”是羌族妇女大襟上的装饰图案。
图4 汶川龙溪乡羌族男子日常服饰
图5 理县蒲溪乡休溪村的村民在杀过年猪
图6 理县蒲溪乡休溪村妇女劳作服饰
图7 汶川龙溪乡羌族男子服饰

4

7

化而来的。这些图纹提醒人们要记得他们先民创立家园的艰辛，也提醒人们应遵从的行为规范。这些图纹有的来自远古时期的祖先图腾，有的则是后来加盟者的标志，后者往往是加盟者的祖先图腾……传统的服装，实际上就是一部抽象的、生动的部落简史。

羌人十分重视图腾，图腾是自远古之世流传而来的，为某种他们赖以生存或为他们所敬佩的动物。

一、羊图腾

羊对游牧的先民而言是极为重要的：其皮可御寒，肉可吃，毛可制帐篷，因人们依赖其生存，故以之为图腾。羌人自称"尔玛"，实因此音与羊的叫声接近。连归顺了"甲骨文"系统的周人，也不忘在创造新文字时，表达出对羊的极度赞赏。如"羌"字即为"羊人"。"羌"与"姜"原本为一个字，只不过从"人"的为"羌"，而"姜"作为姓氏则"从女所生也"。姓最初产生于母系时代，故从女所生，如"姬""姒""姚"等姓皆是此理。姜姓也不例外，而且，姜是炎帝、太公望所属的一支大姓。周人相见时，互相问候曰"无恙"，说明其羊在心之上，乃是时刻念念不忘的。这句问候在3000年后的今天，仍是常用的书面语。此外，羊大为"美"，羊鱼为"鲜"，羊本身就是吉祥之义，这些字一直沿用至今，经久不衰，而且其吉祥之意亦未改变。

无论在神圣的塔子上，还是家中的神龛上（羌族称为角角神），羌族都要供奉羊骨头，并以羊骨和羊毛线为占卜的工具；婴儿的童帽要以羊毛来装饰，以求吉祥；在行成年礼时，释比要在行礼者的项上拴羊毛线以赐福。这是典型的将羊与人合为一体的思维。人死后，要杀羊开路，引领亡魂回归先祖图腾的世界……羌族从生到死，羊皆如影随形地相伴着。

在羌族一年一度的祭山大典中，必有一只精心喂养的羊被精选出来，作为祭祀的神羊。释比在对其念经颂咒后，以酒及青稞灌入羊耳中，视其跳跃摆动卜得一年之凶吉，然后杀羊敬天祭山，以羊头奉于塔子上供奉，羊肉则煮得半熟，分赐与会的祭祀者。此肉与会者也得为家中因病未到者带回一点。常因寨中人众，每人不过分得指头大小一块，这就是"胙肉"。汉族文化中也有胙肉，孔子曾因鲁国国君未按礼分配胙肉而弃官出游。（见《史记·孔子世家》："孔子曰：'鲁今且郊，如致膰乎大夫，则吾犹可以止。'……郊，又不致膰俎于大夫。孔子遂行……"）分食胙肉这一习俗，与西方基督教仪式中

2

1

图1 茂县三龙地区农闲时刺绣的羌族妇女
图2、图3、图4 理县蒲溪乡休溪村中老年妇女服饰

以葡萄酒为基督之血，以圣饼为基督之肉，分赐信徒有异曲同工之处。总之，羌族认为，分吃了祭天的图腾物之肉，便可得到图腾的佑福。在羌寨的房顶或门楣上也常见供奉的牛头骨或羊头骨，都是崇敬与祈福之意。

自然，对羊的崇敬也体现在服饰上。除作为羌人标志的羊皮褂外，众多的带卷角的羊纹还出现在各种刺绣中，如围腰上最常见的“四羊护花”纹，褂上及鼓肚上的羊头纹等等。

二、犬图腾

白狗羌给岷山带来的是犬图腾，有的史家认为白狗羌是“参狼羌”一支的后裔，但时空上恐有差错。羌人驯狗的历史也极悠久，那是猎人时代的成果。狗很早就成为人类的朋友，它看家护院，并协助狩猎。西南诸多氐羌系部族中，都认为“粮食是狗尾从天庭带来的”，并由此产生了不少美丽的故事。据农学家言，小米确是从狗尾草培育出来的。诸多西南氐羌系部族禁吃狗肉的主要原因是，狗为人类服务一生又忠心耿耿，是不能食用的。重猎重犬的白马人在犬死后，典型的处置方式是用一绣花枕头陪葬，并烤一个大馍吊在死犬颈上埋葬。这与广大游牧民族都不吃马肉的习俗是一样的。三国魏国人

3

4

鱼豢《魏略·西戎传》:"(氐人)其种非一，称盘瓠之后……"此说恐不确，"盘瓠"为瑶系先民之祖也。

阿坝藏族羌族自治州茂县土门乡之羌有"吊狗祭山"的习俗。最初，当地人以此法卜一年之丰收及人畜平安，后演化成一种为禁伐而采取的、较为古老的自发生态保护行为。他们也"打狗盟誓"，如同土家族"喝猫(虎)血酒"、凉山彝族"钻牦牛皮"盟誓一般，都是以祖宗图腾的名义发誓。

羌族服饰中小孩的狗头帽，妇女围腰上绣的犬形象，以及羌族释比法杖上所刻的狗头，都是羌人犬图腾在服饰上的表现。

三、猴图腾

猴作为图腾，一般是游牧部落进入较低的林区后，或因慕虎狼之勇悍、蜜蜂生命力之强、猴类之灵活机敏而产生的次生性图腾。在古代诸羌中，党项羌的猴图腾最著名。党项羌起源于白龙江流域，后蔓延至松潘、茂县等广大地区，今羌族中亦有不少党项血统。猴图腾主要保留在释比帽和法器之上，还有一类则表现在绣品中。但不是所有猴图案都受猴图腾影响，有的是受汉文化影响而来，如猴捧寿桃之类。

四、牛图腾

古羌中以牦牛为图腾的是一个庞大的族群，而且由来已久。在汉代画像砖上，"西王母"长着一个牛首，上有两只长而弯曲的牛角，而炎帝也是牛首龙身的形象。牛图腾对许多民族的影响极大，与牦牛羌有紧密关联的族系实在不少，诸如藏族早期的吐蕃王族六牦牛部、纳西族、凉山彝族等。此外，牛图腾在华夏民族中，也留下了难以磨灭的印记。华夏民族的祖先炎帝长有牦牛头自不必言了，而黄帝时之大巫，傩祭的领舞者方相氏亦"手执牦牛尾而舞"。长江源头通天河古称牦牛河，直到川西南延绵数百里的山为牦牛山，《后汉书·西羌传》记载:"(众羌)或为氂(牦)牛种，越嶲羌是也……"从江河之

1

图1 现代羌族女装
图2 理县蒲溪乡休溪村羌族男子劳作服饰
图3 理县蒲溪乡休溪村羌族老年妇女劳作服饰

源直到川西的广大地域，都遍布牦牛羌。松赞干布、格萨尔王直到嘉戎先祖额尔冬爷爷的法身无一不是牦牛形象。华夏大将军、元帅的大纛上，要以牦牛尾装饰，派出的使节手持之节杖，也以牦牛尾装饰。而据说牦牛羌南下时，曾在岷山间留下不少人马部落及血统，嘉戎部即为蜀山氏与牦牛羌混血之裔，其余山谷中也多留有“牛脑壳”之部（又称牛部），如松潘县小姓乡之羌人。从茂县的三龙乡溯黑水河一直到黑水县的红岩乡、知木林乡，溯岷江干流到茂县松坪沟乡、太平乡，再到松潘县的小姓乡一带，只要是红白喜事宰杀了牦牛或犏牛，都有将“牛脑壳”摆放在房顶“龙嘴”处（位于房背那堵墙的正中。是羌族建筑必须有的，是在家祭祀、与上天沟通交流的地方。也是羌族人在建筑里最重要的地方，比在屋内的神龛还重要），或是将牛脑壳固定在杉木杆顶端再插在坟地旁边的传统。

牦牛留在羌族衣饰上的痕迹不太多，在男人的褂子上、鼓肚上、袖口上或舞者的单面羊皮鼓上，间或可见牦牛头的形象。还有一些羌族服饰往往既有牛头，又有羊头图案。

妇女本是在服饰上保留图腾最多的人群，因图腾最初是产生于母系时代的，而且在进入父系时代后，妇女又极少外出，因此服饰受外界影响改变得不多。但羌族支系中似仅四川阿坝藏族羌族自治州的理县蒲溪乡女子还保有在头上扎牛角这难得一见的故习，其余则仅有已被划入藏族的“博峪人”妇女还将腰带在身后扎成象征羊的大羊尾。蒲溪羌人除了在路口、屋顶供牦牛头，其女装头上的牛角还具有非凡的意义：它铭记着远古时代人对动物，尤其是奉为图腾的动物，具有深厚的认同感。这是一种远古时代遗留下来的审美观，成了一个民族深入骨髓的集体意识。

2

3

羌族服饰今探

四川省

阿坝藏族羌族自治州

茂县

三龙乡羌族服饰

◆ 在分述羌族服饰时，之所以选择以茂县为首，乃是因为此县两三千年前即为冉駹故地，而今又为羌人最集中、保存故习最好的一个县。

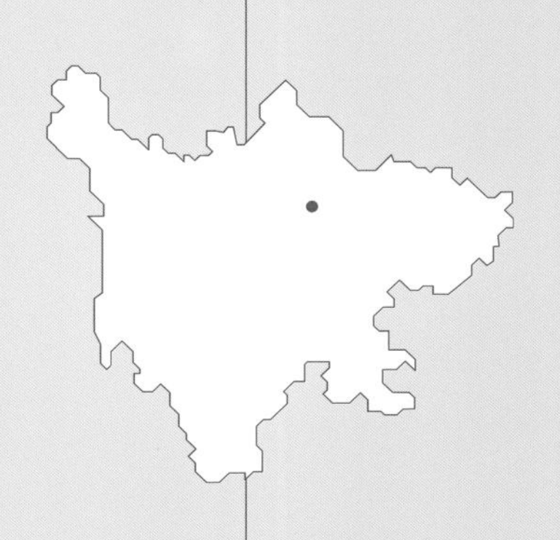

三龙为茂县的一个乡，其主要寨子以合心坝为中心。此寨的石室高耸壮大，原寨中之碉楼亦异常雄伟。旧时寨中的议事坪宽敞宏阔，只是后来被增长的人口侵占了。而寨中大多数碉楼，也全被拆去或拆去上部，以建新房。

这一带羌族服饰的显著特点是：女性服饰的色彩以红色、青色、蓝色为主，从图案、花纹来看与该县赤不苏一带的服饰是一脉相承的。头帕是当地羌人身体最上部的装饰，不过这一带妇女的头帕已不再是“一匹瓦”头帕了。在春秋两季，三龙羌族妇女的头帕多为绣花长帕，黑色，高约13厘米(四寸)。包头帕时将素帕多层缠绕包在里面，有绣花的部分露在外面。头帕的绣样中有成朵的大花，四周配置彩色横条及白线绣的边饰，在黑底上分外好看。在冬季，三龙羌族女性则以黑底绣繁花的四方帕包头。旧时，红色和这种特定的黑底加绣面的四寸高的包头，是三龙羌族妇女的典型特色，即使在三龙以外的寨子中见到，也能让人一目了然，并判定此人是三龙来客还是嫁入此寨的。

三龙羌族妇女穿的长衫式样各部均有所不同，区别主要体现在色彩上。青年妇女一般都着红色长衫，配黑底头帕、黑色褂子、黑色腰带，及黑色长裤。黑红二色交相辉映，使黑色更沉着而红色更艳丽。中老年妇女，则多穿青蓝两色的朴素长衫，未加绣边的也较为常见。

1

图1 茂县三龙乡合心坝

图2 茂县三龙乡妇女身着在喜庆节日才穿的鲜艳服饰本地妇女不系围腰，青年妇女一般都着红色长衫，下摆两角像围腰一样有精美的绣花；中老年妇女则多穿青蓝两色的朴素长衫，未加绣边的也较为常见。

1

2

腰带是长衫上重要的饰品，但三龙不像其他寨子在腰带上织满或绣满花纹，多数仅为素色黑带，同样在身后系结。据曲谷乡土司王太昌夫人讲述，当地羌女原来是将腰带及银饰之类，分扎在髋部两侧，目的是在跳舞的时候，向侧面甩胯时能将腰带甩起来，且让配饰相击成响。现在羌族各寨中似均未见这种扎法。

三龙地区羌族男子的服饰特点为：头缠黑帕，身着蓝色为主的长衫，腰上系或白或黑的腰带，间或系机织或手绣的花腰带，那多是情人的礼品。腿上缠绑腿，旧时多为麻织或毛织的毪子，只是在过年或过节时，才会在裹腿外加上一块或绣或织的图案，用来装饰。

图1 羌族老人及小孩
老人的服饰以蓝色为主，小孩头上的猫猫帽有银花装饰。
图2 衣着素雅的羌族老人正在舂糍粑
图3 茂县三龙地区羌族男子日常服饰
服饰面料为青色棉布，袖口和长衫边花纹为羊角花和回字纹，腰系红色腰带，脚穿云云鞋。

3

1

2

3

4

图1 羌族男女不同的头饰

上排三种头帕上的图案为羌族传统的图案，十字绣与挑花兼用，是年轻姑娘喜爱的一种头饰。下排左边的头饰，在白色头帕外面裹了一层蓝色头帕，戴白色头帕意为戴孝，羌人为纪念死去的亲人，要头裹白色帕子三年。外层蓝色头帕可在天冷时拉下来遮风，起防寒的作用。下排中、右两幅图为茂县黑虎乡等地男子裹的“坨坨帕”。虽然不同年龄、不同地区的头帕样式不同，但为了方便劳动，羌族人都有裹头帕的习惯。

图2 羌族妇女上衣上的云纹图案

图3 羌族妇女上衣上的八瓣花图案

羌绣中常见的花朵图案有八瓣花、牡丹、梅花、桃花、羊角花等，聪明的羌人在这些花的基础上进行变形，将吉祥的祝福寓于其中。在色彩上，羌人喜用红、黄、白、蓝等明亮的色彩刺绣花纹，这些色彩艳丽、耀眼，绣出的图案高度概括，富有想象力、延伸力，不仅是羌人信仰的一种体现，也是羌绣的特色之一。

图4 羌族男女在欢庆时饮青稞酒，跳萨朗舞

图5 衣服上的配饰

银质针线包、羌绣针线包和香包。

后页图 茂县三龙乡河心坝寨羌民合影

5

四川省
阿坝藏族羌族自治州
茂县
黑虎乡羌族服饰

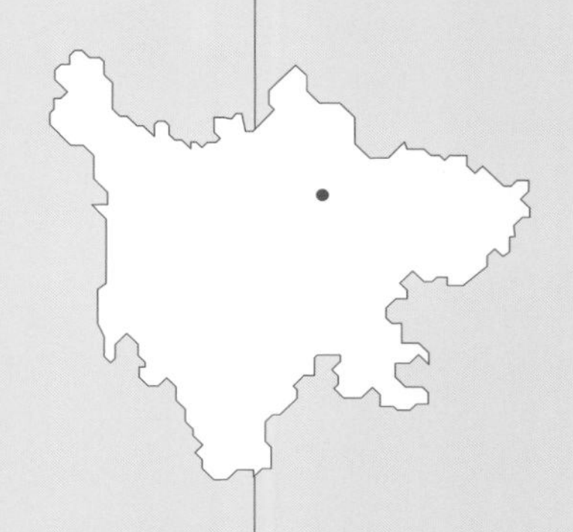

黑虎乡位于茂县西北部，距茂县16公里，辖小河坝、巴地五坡、蔼紫关、耕读百吉、乡园艺场五个村委会。黑虎羌寨深隐在狭窄的山沟之中，寨前有守卫的碉楼，而山寨则屹立在一道山脊之上。层层石室与碉楼相接，直到最高处，乃一座与巨石山崖合为一体的长形巨堡，易守难攻。

黑虎羌在历史上颇为有名，以强悍著称于诸羌。《汶川图纪》云："明世，黑虎跳梁。"明朝时，当地羌人之乱曾持续若干年，波及地域颇广。后来，羌族头人"黑虎将军"战死，其乱方平。为表达对英雄的怀念和哀思，黑虎羌中的妇女无一例外都要戴万年孝，形成了当地最为独特的白帕包头式样。其俗至今不改，成为黑虎羌妇女服饰最大的与众不同之处。

黑虎羌妇女头上所戴头帕为两条长2米（六尺）的白帕，交叠相包而成。首先需将头发在头顶盘成发髻，随后将白帕包上第一层，再将第二层叠成片，置于头顶，两端各垂于前后。最后将第一层包帕之尾，交叠于第二层包帕之上固定。打结后，将其两端垂于后背。后来，大约是为避不祥，多数妇女在万年孝帕之上，另系一方花巾。

为何有这样的戴法，说法很多。一说是为了不影响生产生活。因为羌族给已故亲人戴孝时，孝子为至亲戴的孝帕要有4米（一丈二）之长，在头上缠

1

图1 茂县黑虎乡羌寨
图2 茂县黑虎乡一带身穿麻布衣、羊皮袄的中青年羌族男子

绕两圈后，头帕余下的部分垂在背后，长至膝盖，以此表达对已故亲人深切的怀念和沉痛的哀思。但这样长的孝帕不适宜生产生活，在“头七”后，男子把孝帕当作传统的包裹头帕或是找裁缝裁剪成帽子来戴，女子则把孝帕叠成“一匹瓦”或传统的包裹头帕来戴。淳朴、善良、友爱的黑虎羌妇女把孝帕改短为2米（六尺），在包裹方式上也有异于其他羌寨。

另一说为英雄“黑虎将军”身躯虽已倒下，但其精神和气概永驻人们心间。聪慧的黑虎羌妇女便将头帕裹成黑虎状，以表纪念。

黑虎羌女性一般身着蓝色长衫，这是羌区最普遍的一种服装。着长衫时，多穿红色长裤，并于大襟处镶红色、黄色的花边。其腰带多为黑色宽带，仅以五色绒线作为配饰。腰带扎在身后，其所留长度与长衫下摆基本相齐。其黑色布褂子为对襟式，与腰带相同，均素色无花。

在结婚等喜庆之日，黑虎羌新娘、伴娘等则着红色长衫，大襟与袖子处镶黄、黑色花边以衬托欢乐气氛。新娘包“猫猫帕”，其法亦为三层：首先将白帕包在内层，其上再包上黑帕；黑帕正中处留下开口，以便露出其下层之白帕；在黑帕之外，再包花巾，由脑后包向前额并结于头顶。

黑虎寨之老年妇女，则以黑长帕包成“虎头帕”，亦是两条长2米（六尺）的黑帕，包法与“万年孝”头帕相同。

由于黑虎羌乡的妇女为“黑虎将军”戴“万年孝”，所以她们几乎不再穿戴表现热烈喜庆的红色羌装，也不再束红色腰带。她们服装的颜色主要是青蓝两种色彩，只有在嫁女招婿时，她们才会脱掉“万年孝”，穿上表示喜庆欢乐的红色羌族服装出现在人们的眼前。

总之，“万年孝”不只表达了黑虎羌人对“黑虎将军”的怀念和哀思，同时，它也以小见大地体现了整个羌族对民族英雄的敬仰和爱戴。

图1 年轻新娘出嫁时的头饰，头上有绣花，展示新娘的绣工

图2 茂县黑虎羌中年妇女的头饰，头上无绣花

图3、图4、图5 白色头帕为纪念黑虎将军戴孝，又称万年孝，是黑虎乡羌族服饰的一大特色，表达对黑虎将军的思念。

图6 黑虎乡年轻羌族女孩的头饰

图7 茂县黑虎乡羌族男子在碉楼前

7

1

2

3

4

图1、图2、图3、图4 茂县黑虎乡羌族妇女服饰

后页图 茂县黑虎乡羌民跳萨朗舞

羌族男女一同在平坝上跳起萨朗舞，背景中可以看到黑虎羌寨的险峻地势和高耸的碉楼。

四川省
阿坝藏族羌族自治州
茂县
赤不苏羌族服饰

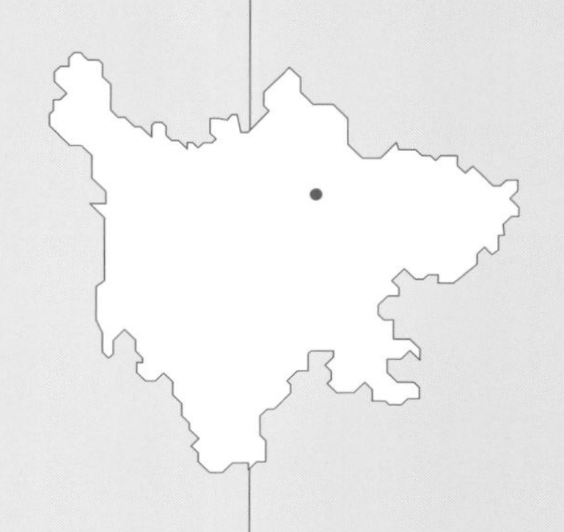

赤不苏曾是茂县的一个行政区划，现虽已撤销，习惯中仍在使用。赤不苏与黑水相接，下辖曲谷、雅都、维城三个大寨区（乡）。这里石室高耸，直接蓝天。

赤不苏地区及洼底乡的沙胡寨、赤不寨、犀牛山三个村的服饰属一个类型，其羌族妇女服饰以绣为特色。该地区羌族妇女头上的头帕因叠合而成似“瓦”形，所以，有人称这种头帽为“一匹瓦”。“一匹瓦”上的饰品以及戴法在这一带基本一致，都以黑布长帕叠成，头顶或两端才绣花，且花的色彩式样均较鲜艳且繁复。差别在于“一匹瓦”的厚度。其中以维城乡妇女头上的“一匹瓦”为最厚，其他几个地方的头帕的厚度大都在3厘米左右。

这个地区的羌族妇女，自年少时起长衫便为黑色。她们不会在黑色的服装上绣制大量的图案或花纹，只是在领口和衣襟上用彩线刺一点正反三角形交错排列，类似“▼▲”这样的图案。通观羌族服装，只要服装主体是黑色的，那就不会出现大量花纹图案。这也许是长期以来羌族妇女在刺绣中总结出的经验，她们知道在这庄重的色彩上添加任何图案和色彩都是不协调的。然而在节庆活动时，当地羌族妇女会穿上红色的服装来增添节日的喜庆。在穿上

图1 茂县曲谷乡河东寨
图2 茂县曲谷乡羌族男子服饰
左一至左三的羌族男子，脚上穿着凉鞋（俗称偏耳子鞋），左四男子穿着云云鞋。

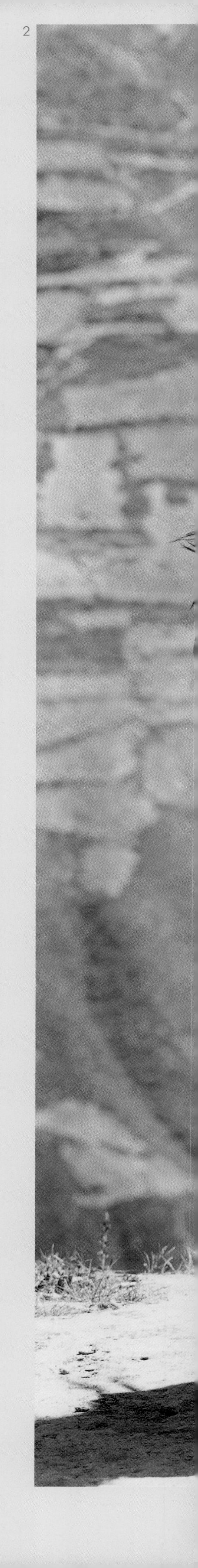

1

2

3

4

5

图1 茂县赤不苏地区青年羌族男子服饰
本地区羌族男子喜爱穿着独特的“大襟花牌子”长衫，图中男子斜襟部的“大襟花牌子”绣有回字纹。黑头帕则饰以彩色的锦边，其上绣有云朵纹。
图2、图3 头戴“一片瓦”头帕的羌族妇女
图2中的羌族妇女左手戴有象牙手镯，脖子上挂着长命锁、珊瑚串珠。
图4 经改良的现代羌族男子头帕的一种
图5 茂县赤不苏羌族男子的传统节庆服饰
图中男子头上裹着一块整布缠绕的头帕，身上穿着麻布长衫，做工十分细腻，长衫背后一侧还绣有树、山等图案，象征万物有灵。长衫上用红、黑线织有竖条纹，绑腿上也对应织有横条纹。此种服饰多在参加节庆活动时穿着。

盛装时，她们还多戴银花，腰上则系嵌红珊瑚或绿松石的银带，并在腰上系上嵌宝石的奶钩（原为藏族妇女挤奶桶的钩子，后演化为兼有实用和装饰意义的腰部饰物）、大银盒针线包。黑水县知木林乡羌族妇女的装饰物则是头顶藏银饰，项挂藏珠，臂带藏式银圈或象牙圈。她们红色长衫外罩的长及脚踝的本色毪子长褂，其边缘也缀以藏式十字纹宽边。这整个装扮其实介于藏羌之间，说是羌族装扮，又大部分从藏俗；说是藏族装扮，又穿了羌式绣花鞋。这也恰恰证明了相邻两族间的文化交融。

赤不苏地区的男人服饰也较特别。他们的头帕左右相盖，缠成大包头，喜欢漂亮的青年的黑头帕还带有彩色的锦边。男人身着白色（本色）毪子或麻布做成的“大襟花牌子”长衫［羌族男子服饰的衣领、

1

2

袖口、对襟有扎花（羌绣的一种针法）图案，尤其是在斜襟部嵌有一至三指宽的花纹，称为“大襟花牌子”，皆为手工制作，色彩单一]，其领口、衣襟或袖口等处都镶有花边，以近代机织的居多。

制作长衫的毪子或麻布，均为腰机织成，幅宽在50厘米（一尺半）以内。男人的麻布衫背后右上方，还有一块织成长方形的纹饰，其图案多为三角形、S形、十字纹或象征光明的太阳纹。据说，这些吉祥的图案能保佑穿衫者的平安，代表着家中亲人尤其是妻子美好的祝愿。

这一带羌民的羊皮褂是生产生活中必不可少的装束之一。旧的羊皮褂可在生产时发挥遮风挡雨、垫背和坐垫的用途，新的毛色俱佳的羊皮褂则是穿着者勤劳致富、善理家事的象征，更是外出走亲访友、参加喜庆活动时必不可少的装束。

图1 茂县赤不苏三名身着传统服装的羌族妇女
左一羌族女孩胸前佩戴长命锁，腰间佩戴银质针线盒；右一羌族妇女头帕上装饰有形如羊角花的银花和珊瑚。
图2 勤劳、智慧的羌族妇女利用农闲时间绣云云鞋，并进行交流
后页图 茂县雅都、维城羌族妇女服饰

四川省
阿坝藏族羌族自治州
茂县
松坪沟乡、叠溪镇羌族服饰

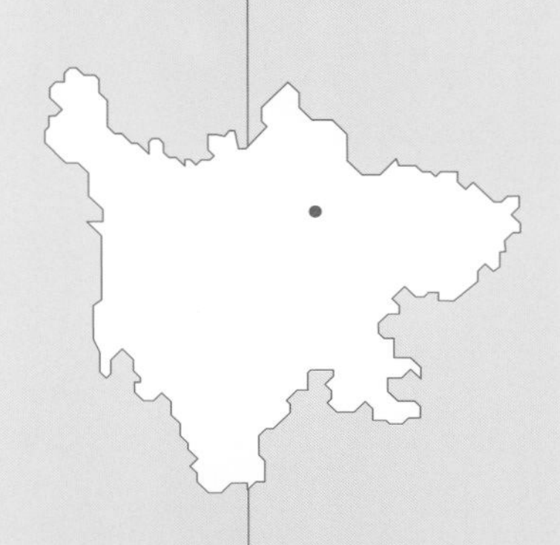

松坪沟乡、叠溪镇一带，北接松州(即今松潘)，故松坪沟、牛尾寨等地的羌族女装与松潘县的镇江关乡、镇坪乡的女装大体相同。其头帕以黑色长帕，包成大包头。有的左右向中部包裹，形成一个上翘的黑色大包头，如原来居住在山间的汉族妇人的包头。这些地方的羌族妇女喜爱在红色或蓝色的大襟长衫的右胸前，戴一枚直径约17厘米(约五寸)的大银饰花牌，不少花牌中央还嵌有一粒红珊瑚。该地的老年妇女仍着旧装，即镶绲边的大襟或对襟黑色背心，下系白线挑花的腰围，黑色或白色的素腰带，间有机织或手挑的单色外腰带。

松坪沟的羌族男子有的还留有长辫，并将蓝色丝线缠于辫梢，盘在头上，再包帕。他们也以长黑布为头帕，将帕尾的一端垂于左肩，在帕的右侧插三支野鸡尾羽。据说旧日征战繁多，这是出征时的装扮，若归时所插的野鸡尾羽仍直立不倒，就标志着打了胜仗。

当地羌族男子身穿白色毪子长衫，其袖口、领口、大襟及下摆均有花边装饰。有的“大襟花牌子”毪衫，则以各色藏式氆氇装饰，直达腰间。黑色布背心的领及边多以黄色纹饰绲边。

1

图1 茂县太平乡牛尾寨
图2 茂县桃坪沟一带系大围腰、戴银牌的羌族妇女

Wudong

1

2

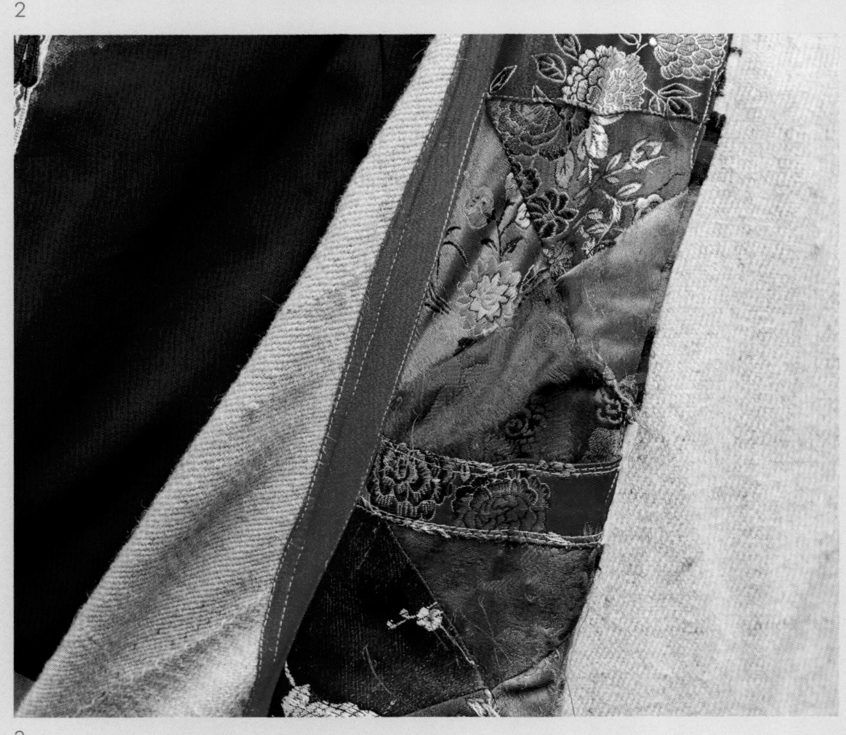

3

图1、图2、图3 茂县太平乡牛尾村男子“大襟花牌子”毪子长衫上的装饰图案
图4 松坪沟乡、叠溪镇一带羌族男子服饰
这三名男子身穿白色“大襟花牌子”毪子长衫，袖口、领口及下摆均有藏式氆氇装饰；头帕中缠有丝制辫子，起装饰作用；内着衬衣，腰佩有小刀。

该地男子将白色半长大腿裤穿在外边，内着普通的蓝色或黑色长裤。以白色毪子为绑腿，在绑腿外再加上一种四角有彩色弧形的圆饰，外以机织红色、黄色寸带捆扎。脚穿云云鞋或绣花凉鞋。

羌族男子都有装火镰的三角鼓肚，在松坪沟还看到不少旧日的皮三角鼓肚，虽已褪色，但烫花仍在，做工也极精巧。

叠溪地处茂县北部，是松茂古道上的重镇，不但是商贾云集、贸易发达的川西北经济重地，也是古代中央政府和川西北少数民族地方势力角力时期的军事重镇；不但是古羌冉駹部的发祥地，还是久负盛名的蚕丛故里。

1933年8月25日发生在这里的7.5级叠溪大地震，顷刻间将这里的繁荣和富庶毁于一旦。现在凡是从九寨旅游西环线进入世界自然遗产九寨沟和黄龙旅游的游客经过这儿时，都可以透过车窗看见上下两个海子（实乃地震形成的堰塞湖）。其中下海子南边正对九寨旅游西环线的那座山的形状活脱脱是一只大龟，它把头探向海子的中央，好像将要游向大海，当地人管它叫“神龟洄游”。

1

图1 茂县松坪沟乡、叠溪镇一带羌族女子日常服饰

图2、图3、图4 银牌

银牌在羌语中发音为“pi ze”，有方形和圆形两类，其上图案也是羌人喜爱的云朵、八瓣花等纹饰，有的还在银牌中心位置钉有一颗珊瑚。银牌一般为女性饰品，佩戴在右胸前衣襟处，起装饰作用。

2

3

4

图5 搓羊毛线的羌族妇女
图6 新娘围腰上的挑花和"囍"字图案

5

6

由于叠溪大地震造成的巨大灾难，生活在这一带的羌人不仅遭受了痛失亲人的巨大悲痛，还失去了祖先留下的古物。地震后，从幸存者及其后人那儿很难再见到这一带羌人在大地震之前穿着的羌服和其他物件了。然而值得庆幸的是，幸存的羌族妇女凭借智慧和巧手，用绣花针和素线、彩线，让祖辈们在生活劳作中积淀下来的刺绣技法及审美情趣再次复活。这不仅展现出从巨大灾难中幸存下来的羌族妇女勤劳、勇敢、坚强、聪慧的品格，而且通过她们的一针一线，保留住了这一带羌族服饰的特色。

叠溪一带的羌族女性不论老少，在生产、生活、赶集时，身着民族服装的时间远远多于穿其他款式服装的时间。她们的服装有明显的特点，中青年妇女服饰的颜色多为红色，老年妇女所着的颜色多为素雅的蓝色或黑色。她们着天蓝色长衫，并在长衫外面套一件用黑绸缎或黑棉布缝制的琵琶襟马甲或对襟马甲。厚马甲的中间要填充棉花，确保其保暖性，主要在冬、春两季穿；薄马甲则不填充棉花，主要在夏、秋两季穿着。正因为她们在长衫外面要套马甲，所以叠溪一带的羌族妇女的长衫上一般不再进行刺绣加工。她们的刺绣功夫主要是通过衣服最外层以黑底白线绣制的满襟围腰来加以体现。偶

1

2

3

图1、图2、图3 搓羊毛线
羊毛线是制作羌装的必备原料，全凭羌族妇女日常生活之余“吊”成。图为茂县太平乡牛尾寨制作“羊毛线”的羌族妇女。

图4 茂县叠溪镇羌族妇女系腰带

两名羌族妇女中的一人正在帮另一人系腰带，此种腰带较宽，图案细腻，多处垂下几可及地的流苏，羌族女孩结婚时会系此腰带。

4

1

尔也会有蓝底白线绣制的满襟围腰出现，但由于这种围腰在图案的层次感及视觉效果上没有黑底围腰强，所以大多数妇女还是选择绣制黑底围腰。围腰的顶端用一个银锁扣与马甲的领口扣住。

当地羌族妇女头上包裹的头帕从面料、包法和帕形上而言，也有别于羌区其他地方。由于她们的头帕形似一条船，因此多选用比棉布要轻得多的黑色绒布作为头帕的面料。船形头帕的包法是：将头帕的中端放在后脑勺中央，两端从后脑勺往头的两边绕，到额头时交叉，再往后绕到后脑勺，如此交叉往复，直到把头帕的两端固定在后脑勺位置，这样一顶船形头帕就包好了。这一带的羌族妇女几乎只有中老年妇女才包头帕，而且中老年妇女更喜爱佩戴羌式银耳环，脚穿平口绣花鞋。

旧时，当地羌族男女都打黑布绑腿，穿绣花鞋，着黑布坎肩，说羌语。现在相对女装而言，叠溪一带的传统男子服饰已融入了大众化的现代西化服饰元素。由于这儿地处九寨旅游西环线上，除了从事农业生产之外，在旅游旺季来临时，很多当地男子都会加入从事旅游经济活动的人群。他们发现，穿着民族服饰进行旅游经济活动就是比不着民族服饰取得的经济效益高得多，所以为了取得更好的旅游经济效益，这一带的羌族男子在从事旅游经济活动时要么穿一件羊皮褂，要么穿一件在服装店里购置的天蓝色绣花羌装来点缀。所以，在这里几乎很难见到带有当地特色的男式羌服。

随着民族服饰加工业的发展，叠溪一带的羌族服饰不论在颜色上还是绣花上，较之以往也发生了一些新的变化。然而，叠溪地区传统服饰的一些元素仍常见于现代的羌族服饰之中。如叠溪地区羌族女装所体现的，与其他地区羌族服饰有共通之处的是：都头缠黑布大头帕，上衣花纹、腰带花纹、围腰花纹都是满花，用“挑花”方式绣成。长衫一般是黑色和绿色，也有少数红色长衫。与其他地区不同的是有胸饰，胸饰是银质的方牌或圆牌，上有吉祥图案，直径在8至20厘米之间。

图1 茂县叠溪镇松坪沟羌族妇女绣花围腰
图2 叠溪一带独具特色的挑花满襟围腰
围腰颜色一般以蓝、黑为主。聪明的羌人在腰部位置绣有两个口袋，可以装一些小东西。

1

图1 茂县叠溪镇羌族妇女服饰
满襟围腰和背后的飘带刺绣风格不同，飘带上绣有牡丹花，起装饰作用。

图2 茂县叠溪镇男子劳作服饰
蓝色的对襟衫和红色腰带色彩对比强烈，外穿色调素淡的羊皮褂更显和谐。

2

1

2

图1 分别身着半襟（居左者）、满襟（居右者）挑花围腰的羌族妇女
图2、图3 茂县叠溪一带羌族老年妇女一般着蓝色长衫、黑色褂子，穿绣花平底鞋

3

四川省

阿坝藏族羌族自治州

茂县

永和乡、渭门乡羌族服饰

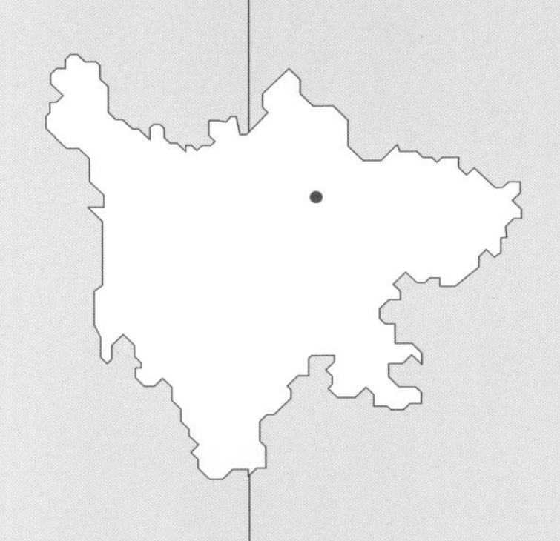

茂县永和乡的羌族服装与渭门乡等地相同，在古代这两地的羌人应同属一个部落，或隶属于同一土司管辖之下。

永和、渭门一带的羌族妇女，喜戴白色的头帕，她们将白色的头帕先折成两寸宽的布条，再将其一圈一圈地缠绕在头上，形成一个大圆盘，并用银簪将头发盘起固定。有的人还会在头帕最外边加上一条机织或手绣的绣花带。

过去长期在渭门、永和所见到的长衫多是绿色的，在那贫瘠的年代里，人们还停留在对生的渴求，对生命本身的礼赞和向往上。目前永和乡羌族青年女子多着色彩明快的黄色长衫，年长一些的妇女所穿的长衫则是在天蓝的底布上进行繁复的百花刺绣后制成的，如同蓝天之中那随风舒卷的白云。当地的羌族妇女喜欢在长衫外套上手工制成的绵绸褂子，并在边褂的四周缝上金黄色的丝线并绣上花边。这款绵绸褂子形制和穿着方式与羊皮褂类似，应属羊皮褂衍生而成的。

在天蓝色长衫之上是围腰。围腰历来是羌族妇

1

图1 茂县渭门乡

图2 头裹多层白色棉布帕是茂县永和乡、渭门乡等地羌族青年女子服饰

两名女子系着双层绣花围腰，一只绑腿为红色。在羌族服饰中，绑腿一般为白色，当有喜庆节日时，常在白色绑腿外面裹一块红布，寓意吉祥。

1

女展示刺绣才能的一个媒介，也体现了她们所欣赏的美的事物。永和、渭门一带的围腰，除了在黑色的布上绣牡丹、羊角花，其在蓝色底子上用白线挑绣图案的工艺是当地的一大特色。另外，当地羌族妇女还要在围腰上拴绸带或是羊毛带，既能固定围腰又有装饰的作用。

永和与渭门一带的羌族女性服饰中还有独具特色的红绑腿，它不但具有保暖的作用，而且还是迄今仅存在岷山羌人里的未婚女的标记。在中国古代的各个民族中，原本出生、成年与婚丧等礼仪都有着不同的服饰装束，其中最重要的礼仪之一是“成年礼”，那是一个人正式取得社会承认，允许享受各项社交权益的标志。过去，未行成年礼之前夭折的少男少女，是不允许葬入祖茔的，因为那时他们还不能算作家族的正式成员。但随着社会的进步与服装的变革，成年礼之类的古老礼仪的重要性逐渐减弱，多数地区用以区别少妇与少女的服装也随之逐渐消逝。大约在清初强制进行服装改革后，羌族妇女不穿裙子了，部分地区的“一匹瓦”头帕也改为了“包头”，仅剩下渭门一带的红绑腿，还在不起眼之地显示着少女的矜持与娇贵。

图1 茂县永和、渭门一带的羌族妇女别具一格的圆盘状头帕
当地妇女喜戴白色的头帕，她们将白色的头帕先折成两寸宽的布条，再将其一圈一圈地缠绕在头上，形成一个大圆盘，并用银簪将头发盘起固定。最下层的白色帕子可以拉出，展开如花边，既美观又遮阳。

图2 茂县永和、渭门一带羌族妇女服饰
当地羌族妇女喜欢在长衫外套上手工制成的绵绸褂子，并在边褂的四周缝上金黄色的丝线并绣上花边。两人都佩戴着长流苏耳环，与羌族妇女围腰上被称为牙签纹的常见刺绣图案十分相似，相映成趣。左边女子衣领处还装饰有圆形和方形的银牌。

1

2

3

4

图1、图2 茂县永和乡羌族妇女服饰
图1中的女子的绵绸褂子外还有一圈带长流苏的刺绣小披肩，分外光彩照人。
图3 茂县渭门乡、永和乡羌族男子服饰
图4 头戴黑头帕，衣着朴素的茂县渭门乡、永和乡羌族老年妇女
后页图 载歌载舞的茂县永和乡羌族妇女

四川省
阿坝藏族羌族自治州
理县
蒲溪乡羌族服饰

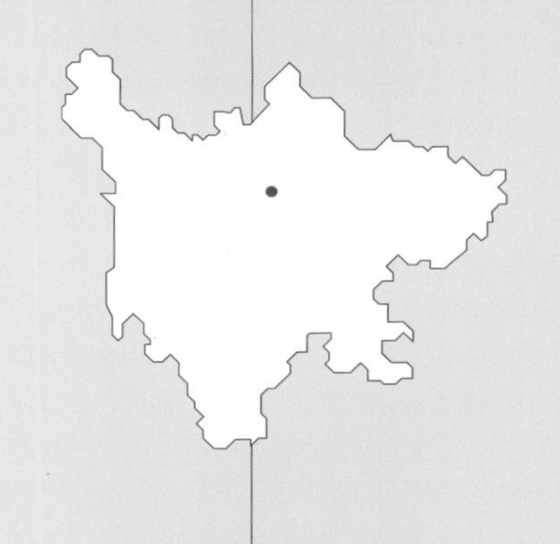

蒲溪乡有十个著名的羌族寨子，称为蒲溪十寨，原在通往成都的古道之侧，在公路开通之前曾繁盛一时。大蒲溪是蒲溪十寨之一，现仍存有石桅杆（即功名旗杆）若干座，据说旧时只有四品以上官员才有资格竖石桅杆。

蒲溪羌尚黑色，历来被称为黑蒲溪。当地羌族中老年妇女多挽髻，外缠黑头帕。其头帕素面无花，缠好后再缠一条两端绣有花饰的丝帕，并将绣有红色的两端露出头帕外，翘于头部两侧，右高左低。

当地羌族女装多为深蓝或紫色，加上黑头帕、黑背心、黑围腰，自然突出了黑色。其长衫大襟、袖口、下摆处均以绣花装饰，纹样以精细的云纹、几何纹及蝴蝶纹为主。长衫外所穿背心，虽仍以同样纹饰为主，但多以另外一种颜色的布以贴布绣的形式绣在背心上。

此地羌族女性服装特色之一是黑围腰。黑围腰上有刺绣装饰，即在黑底上用白线（或夹杂其他彩线）以十字绣或锁绣的方式绣满各纹样。纹样精致，且多呈线性。除了上段提到的深色长衫，也有白色麻布长衫，但均以黑色镶宽边，再外着黑色彩饰背

1

2

图1 理县蒲溪乡

图2 理县蒲溪乡羌族妇女服饰

蒲溪一带，成年女性在包头帕时会露出头帕两端的绣花，形如羊角，这是当地羌女展示自己绣工的一种方式。此外，她们还佩戴了许多饰品：胸前挂着珊瑚串珠和银质长命锁，腰间系着银质针线盒和口弦。

1
2

心，而背心多是满绣（即在底上挑绣满花），在简与繁、黑与白中形成鲜明对比。

蒲溪乡羌族女性多佩银饰，少女盛装时更是如此。手戴银镯、银戒，耳垂银耳坠，颈挂银项圈、银锁，领上还有特制的嵌有铜、银饰品的领饰。在黑色或白色的长裤下，露出一双彩绣的绣花鞋，于朴实中又不失豪华。此地绣品皆极精致、耐看，且色彩搭配远比相邻地区的其他羌族服饰更为协调，故能在不显山露水中，强烈地吸引外来者目光。

蒲溪羌族男子的服装，以黑头帕、长黑布背心、黑色长裤、黑绑腿、黑色云云鞋，加白麻布长衫、白色腰带为特色。其黑白相间的头帕，当地形象地称为“喜鹊装”。包裹方法是：先用白帕包在里层，外面的黑帕则交错包裹，露出多角形的白色斑点。包裹此头帕的人头部晃动之时，观者会感到白光闪烁，颇为好看。头帕的黑色中所露出的一点点白色，使整个装束形成黑白相间的强烈反差，十分醒目，能显示出蒲溪男人的简洁、精悍和飘逸洒脱。尤其有的男子在白麻布长衫大襟间，翻出一抹内镶的红色，让观者为之一震，堪称画龙点睛之笔。

3

图1、图2 理县蒲溪乡羌族妇女绣花围腰局部
图3 颈戴珊瑚串珠、腰系满绣长围腰、佩戴口弦的蒲溪羌族妇女
围腰中间的圆形刺绣表示太阳，四个角的刺绣表示云朵。

4

5

图4 羌族男子的日常装饰品——鼓肚

过去用牛羊皮制作，上面没有图案，用来装针线、白石、野棉花等物品。现今演变为布制品，上绣有云朵、回字纹等图案，一般不绣花朵。

图5 双层黑白的鸟巢式头帕

羌人尚黑白，其服饰也以黑白两色为主，过去多在结婚时穿。现经加工，黑白色长衫的衣襟和袖口等处绣有云朵、回字纹等图案，色彩丰富，且成为羌族男子的日常装束。绑腿上的带子原以黑白为主，后也有用红色带子的，更加美观。

1

2

3

图1 羌族妇女的满绣围腰

围腰上有蝴蝶、菱形、八瓣花、牙签（白色竖条纹）、小钱等图案。羌人将日常生活中的常用物绣出来，表现了羌女丰富的想象力和精湛的绣工。

图2 成年男女戴的银手镯，常作为信物进行交换

图3 此为羌族的口弦和银质佩饰，系在腰间，起装饰作用

图4 理县休溪村妇女服饰

后页图 理县蒲溪乡休溪村老年妇女服饰

1

图1 背着孩子的理县蒲溪乡大蒲溪村羌族青年妇女
图2 理县蒲溪乡大蒲溪村羌族青年妇女和儿童服饰
后页图 理县蒲溪羌族男子服饰

行道

拉雅雪松
乔木●常绿针叶树

四川省
阿坝藏族羌族自治州
理县
桃坪乡羌族服饰

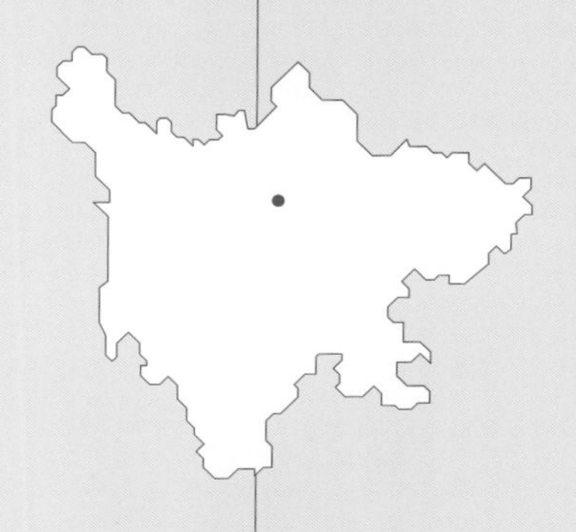

桃坪羌寨位于理县桃坪乡，距汶川仅15公里，又在大道之侧。因堡寨连成一气，似一完整的堡垒，加之其具备完善的地下水网等原因，早已成为著名旅游区。"相传最早开发桃坪的是陶朱二姓，于是民间才有陶朱坪之称。他们在荒山野地、田边地角、沟旁路边遍种桃树，几十年后桃树成林。一到春天，漫山遍野的桃花竞相绽放，红花白花宛如织锦。夏秋之际，果实累累，早桃、晚桃、红桃、黄桃……遍地珠光宝色，路人皆可任意采食，而不以'偷'论。这里的美景深深地印在了过往者的心上……人们就把这里唤作桃子坪。"（王嘉俊:《桃缘深深——桃坪羌寨名称历史沿革趣闻》）

桃坪四周所出土的文物，足以见证此处与成都盆地间的古老交往。如此处既出土有2000年前典型的"铜柄铁剑"，又出土有早期蜀式戈。

1

图1 理县桃坪羌寨

图2 理县桃坪乡羌族妇女服饰

两名女子的围腰一鲜艳一朴素，形成了鲜明的对比。左侧女子的围腰运用扎花绣法绣出彩色的花朵，右侧女子的围腰则运用羌族传统的十字绣法绣出疏密有致的白色图案。两人服饰中最独特之处是她们的长裤裤脚口都镶有约15厘米宽的黄色花边，其上绣有牡丹花。

1

2

图1、图2 羊皮褂
传统的羌族男子服饰，采用手工缝制，可正反两穿。下雨时将有毛的一面露在外面，可以让雨水顺着羊毛流下，不打湿里面。劳动时一般穿毛较短的羊皮褂。
图3 身穿羊皮褂、羊毛长衫，脚穿云云鞋的桃坪羌族男子

由于桃坪地处要道之侧，故受各类文化影响较多，因此形成一特殊文化系统。桃坪地处河边台地上，不像一般羌寨多处高山之脊。大约是清中早期为镇守一方所建。此处寨子碉楼上原悬供牛头，说明此处与茂县三龙乡、理县蒲溪乡均应为以原牦牛羌为主体发展起来的村寨，故其女装大抵同蒲溪一致：多蓝色，头帕与围腰多以黑底绣花。汶川大地震前，此地除老年妇女着青、蓝两色长衫，包黑头帕外，羌服几已消逝。地震后恢复的羌服，也以蒲溪式羌服及绣花为主。唯一显得特别之处在于此地羌族女子多穿高跟绣花鞋和一些舞台式羌服。特别是以布为面绣成的绣花鞋，加上半高跟后表现了一种时尚的进步，应当说是当代羌服的一种健康发展。

3

1

图1 绣花的羌族妇女
羌绣是羌人审美意识的最佳体现，是羌族文化与现代文明相交融的典范。
图2 围腰为典型的羌绣图案
羌族妇女喜爱在黑色的底子上绣白色的图案，图案全凭她们根据日常生活中的事物进行想象。
图3、图4、图5 理县桃坪羌寨羌族妇女头帕
当地羌族妇女的头帕为“一匹瓦”，用红、蓝、绿、黄等多色头帕叠成，缠以真发辫或黑色和蓝色的丝线发辫，再用镶嵌珊瑚珠的银质花牌装饰，从不同角度看都十分鲜艳夺目。

2

3

4

5

四川省
阿坝藏族羌族自治州
理县
木卡乡羌族服饰

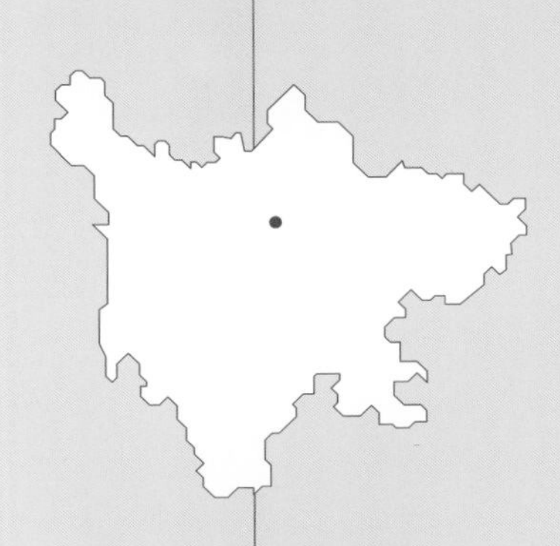

木卡原为清代所设的九子屯所属。乾隆十七年（1752年），清廷在平定杂谷土司仓旺之乱后，废除了杂谷土司，进行改土归流，于其地设杂谷厅。将原土司辖地东部尽行改流，直接由流官治理；另土司直属地改设杂谷脑、甘堡、上孟董、下孟董、九子等五个土屯。五屯之中除九子屯（今木卡乡）为羌族居住外，其余四屯均为藏族聚居区。九子屯是五屯中唯一“羌民戎官”的土屯［据《藏羌走廊史话》记载，乾隆年间九子屯的守备是羌族守备思丹增，参加了很多战役，尤其是乾隆五十六年（1791年）和乾隆六十年（1795年）的几次战役，后光荣牺牲。当时朝廷任命守备有一个规定，属于世袭制的守备需要由后裔继任自己的职位；由于思丹增没有儿子和其他继承人，他牺牲以后，地方上就禀报了朝廷，朝廷于是委派了下孟屯（现在的薛城镇甲米村）守备家族的一名成员来担任九子屯的守备，这个人出身嘉戎藏人，名叫施嘉泽，后改名叫杨桂福。这就是九子屯“羌民戎官”的由来］，由于此一带的羌族长期受嘉戎藏人官员统治，故其所受影响也较其他羌族支系更大，当地的服装很多都和嘉戎藏人的装束很像，而且连部分语言及习俗也多从嘉戎藏人。木卡乡羌人在羌族中是较特殊的一支。嘉戎藏人本属古

1

图1 四川理县木卡乡
图2 理县木卡乡羌族妇女服饰，在“一匹瓦”头帕的发辫上，串有若干银质圆环

1

2

图1、图2 绣有八瓣花的围腰
图3 理县木卡乡羌族妇女服饰
此地羌族审美方式受其他民族文化影响较大。最为典型的是女性穿的褂子，实际是满族服装在羌区的使用。这种褂子在木卡和上、下孟地区较为流行。

氐羌系统，是最古老的藏族支系之一，因其在唐代时就已接受了藏传佛教及藏文字，故其头帕、百褶裙等传统保留得更好，且所佩戴的银饰、珠花等更与今之诸藏族支系相同。

清代，木卡羌族服饰深受清代屯田制的影响。九子屯的羌族屯兵在乾隆朝曾参与“平定大小金川”（指乾隆年间平定四川西北部大小金川土司两次动乱的过程）。鸦片战争期间，清廷急于用兵，把羌兵从四川西部不远万里调去浙江，承担攻打宁波西门的重任，但被英军伏击，几近全军覆没，最终兵败宁波。但由于理县屯兵在战斗中表现极其英勇，所属官兵均受嘉奖，赐黄马褂。于是九子屯羌人即开始沿用满族旗服的圆领样式和梯形外褂。其上衣领口有一道明显的花边分割线，使得胸部花边与背部花

3

1

图1 身穿羊皮褂的羌族男孩
图2 身着传统服饰的理县木卡乡羌族青年男子
后页图 样式稍有差异的理县木卡乡羌族妇女服饰
此地羌族妇女头帕皆为“一匹瓦”，但颜色和饰品各不相同；从部分女子的绸缎围腰，以及长褂领口的样式和侧面的开衩，都可以见到满族服饰影响的痕迹。

边分开，在服饰中延续了羌族自身的花云盘枝等花边图案独特元素。此地最为典型的是羌族女性穿的褂子，实际是满族服装在羌区的使用。这种褂子在木卡和上、下孟地区较为流行。而木卡妇女的盖头帕，在理县羌族区是独有的，年轻妇女在头饰上绣花，年老者则用纯黑或纯白盖头帕。妇女喜戴特大的银质耳环和圈子，还有其他银质簪子、戒指和银牌等饰物。这些饰物也有用玉或珊瑚制成的。此外，还会在腰上佩一个银质针线盒。理县木卡羌族服饰充满浓郁而鲜明的民族特点，体现了民族性格的神韵，历史给它留下了深深的痕迹。这是理县木卡羌族在其民族形成过程中长期生活积淀的结果。

50

四川省

阿坝藏族羌族自治州

汶川县

雁门乡羌族服饰

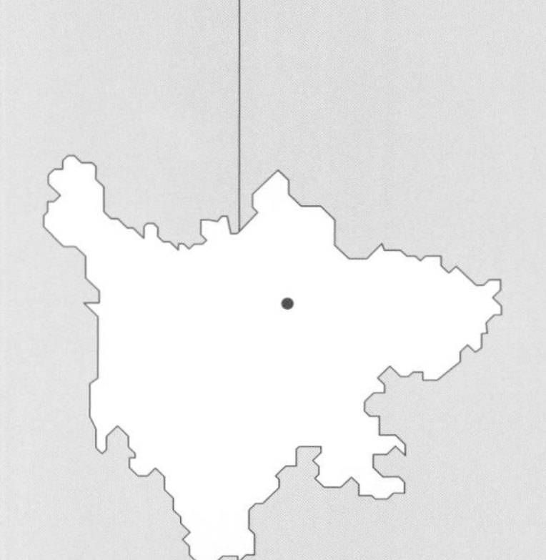

汶川是原蜀汉西部边关所在，孔明因其为羌地，乃派羌族大将姜维去镇守，今台地上仍存蜀汉时的几方土墩，被名之曰姜维城。这里不但是从内地入阿坝之门户，也是传说中的大禹诞生地之一。抗日战争时期，大部国土沦丧，激起人们探根寻祖之愿，于是边疆史、民族史、上古史研究勃兴，民国要员黄炎培等亦亲探禹迹。大禹诞生地在今汶川县绵虒镇上。因崇敬大禹，羌人在其地近百里内不敢樵牧，有罪之人如逃匿其间亦不得追捕。这一方人士也可算得“禹裔嫡派”了。

雁门乡距汶川县城4公里，素有汶川县“东大门”之称，因“负山临江，两岸壁立，中通一线，只有鸿雁可以飞越”而得名。萝卜寨位于汶川县雁门乡境内岷江南岸高半山台地之上，是汶川最古老的羌寨，距离县城20公里。这个寨子之前不叫萝卜寨，其名字的来历，还有一段故事：一次外族入侵寨子，寨主凭借英勇顽强的精神和这里得天独厚的地理优势，带领大家勇猛抗敌，不幸的是敌人最终攻克了村寨，并将寨主的头颅像砍萝卜一样砍下。后人为了纪念寨主，便将村寨改名为萝卜寨。

萝卜寨羌族服饰朴素、美丽而独具特色。羌族男子一般包黑头帕，穿黑色绣花背心、黑裤，系黑

1

图1 云朵上的街市——汶川县雁门乡萝卜寨全景

图2 汶川县雁门乡萝卜寨羌族青年女子服饰

围腰上的绣花多为扎花形式。

1

2

3

色腰带，佩戴绣花的三角鼓肚，脚穿云云鞋，既不失羌装特色，又朴素大方。过去此寨羌民无论男女一般都穿麻布长衫，其男装较为古朴。旧时此寨羌族男装的麻布长衫长及膝下，外罩皮褂，腰系有花纹的长腰带，一头垂吊；有的男子则绑皮鼓肚，其下悬吊皮烟盒或者皮鞘牛角刀，脚裹毡子，包绑腿，穿竹麻草鞋或用树皮、玉米壳、旧布条编织的草鞋。老人多穿前后绑缝上卷云形獐子皮的布鞋，即云云鞋。妇女小孩则多穿绣花鞋。

萝卜寨海拔较高，天空碧蓝，如今当地羌民的服饰也多为蓝色，与蓝天呼应。萝卜寨羌族男女长衫普遍皆为蓝布，只有年轻女子间或着红布长衫。妇女包“十字帕”：先将白帕包发作为底子，再将黑帕的一部分缠在白帕上，接着将辫发缠绕在黑帕上，最后将剩下的黑帕于头顶交叉捆成十字。老年妇女虽也交叉包黑帕，但已不露出头发来，仅如从前的汉区农妇所包。羌女着红袍时，系深蓝色围腰，而着蓝衫时则用黑色围腰，其上的绣花均简而不繁。在腰带拴于身后处，也常加两条绣花飘带，以增加走路时的灵动飘逸感。

和萝卜寨同样位于雁门乡的另一羌族村寨月里村，其服饰也值得一提。当地少女、少妇的服饰以蓝袍或黑袍为主，头戴“一匹瓦”。中年以上妇女，全身服装以黑色、蓝色为主，头上左右交叉缠白帕或加缠黑帕。这一带的服饰除背心的边和袍的大襟外，少有装饰，仅在黑色围腰上以白色棉线满绣各类几何图案，少女还以彩线绣出几何图案，当地称此种绣法为满绣。

图1、图2、图3 汶川县雁门乡萝卜寨羌族老年妇女头饰
三人的衣襟刺绣各有不同，但都是具象的花朵与抽象的图案相结合，色彩和线条的组合优美而和谐。
图4 汶川县雁门乡萝卜寨街头穿着日常生活装的羌族妇女

1

图1 汶川县雁门乡萝卜寨羌族青年女孩正在绣鞋垫

她们的衣服颜色鲜艳，通过大色块的对比将女孩内心含蓄、羞涩又不易表达的热情展示出来。

图2 汶川县雁门乡萝卜寨身着素色青布衣服的羌族老年妇女

老年妇女服饰以藏青和蓝色为主，显得朴素、庄重。

1

2

3

图1 汶川县雁门乡萝卜寨羌族男子服饰
他们的长衫为自家制作的麻布衣服，厚实、耐磨，冬暖夏凉。腰间的鼓肚一般是恋人或妻子绣制的，有花和云等图案。
图2、图3 穿绣花围腰的汶川龙溪羌族妇女
图3中的羌族女性穿的鞋是现代改良后的高跟绣花鞋。

图1、图2、图3 汶川县雁门乡萝卜寨羌族男子头饰前视图、侧视图、后视图
图4 汶川县雁门乡萝卜寨羌族男子跳羊皮鼓舞
羊皮鼓在羌族人的宗教生活中扮演了重要的角色，羊皮鼓舞也是羌族男子的独特技艺。

四川省
阿坝藏族羌族自治州
汶川县
龙溪乡羌族服饰

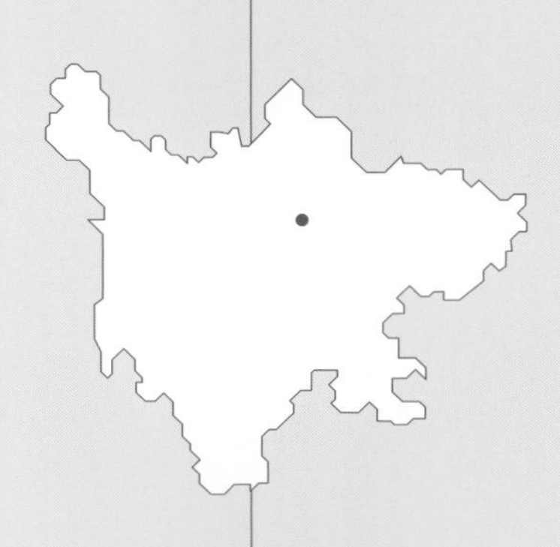

汶川县最有特色之羌寨，乃是龙溪沟（龙溪乡所在地的河流）阿尔村的巴夺寨。巴夺是一个有着“释比”传统的寨子，那里的释比是当今所有羌寨的释比中最精通释比传统、地位最高的角色。传说上古时代，即原始宗教产生之初，几乎每个人都可充当巫师，都可直接向神灵与先祖对话，并乞请帮助。但传至黄帝之孙颛顼帝时，颛顼帝进行了一场重大的宗教革命，即“绝天地通”，其实质就是禁止普通人与天神、祖先交流，传达神的旨意；规定只有专门的巫师世家，才可以享有沟通人神的权力。自那时起，氐羌各部中才产生出一些释比世家专门从事这一职业。巴夺寨释比和其他龙溪沟村寨的释比，旧时皆戴“五岳冠”，有布制的，也有皮料制成的，与相邻的理县桃坪一带释比所戴的金丝猴皮帽大不相同，说明龙溪沟的这支羌族支系较少或未曾杂有“猕猴种”的党项血统。

龙溪沟沟口与理县桃坪乡仅距3公里，但分属两县，这种沿袭古制的行政区划是很有道理的。因为这两地分属不同的古代部落群，桃坪属于理县蒲溪羌人系统，无论服饰和服饰上的刺绣花纹如何变

1

图1 汶川县龙溪乡巴夺寨
图2 汶川县龙溪乡羌族妇女日常服饰
左侧妇女腰系羊角花图案绣花围腰，右侧妇女腰系蝴蝶戏牡丹图案绣花围腰，两人都脚穿绣花鞋。

2

5

1	3
2	4

图1 刚跳完羊皮鼓舞的汶川县龙溪乡阿尔村羌族男子
图2 汶川县龙溪乡羌族妇女聚在一起讨论绣样
图3 汶川县龙溪乡羌族老年妇女服饰
图4 汶川县龙溪乡羌族老年男子服饰
图5 汶川县龙溪乡羌族中老年妇女在院子里对唱山歌

化，那里的女装都保留了理县"黑蒲溪"羌人最主要的特色——黑头帕必扎有一高一低的两支牛角。而与桃坪相邻的龙溪沟内的一连串寨子，如阿尔村、联合村的羌人，则与汶川萝卜寨的服饰传统一脉相承——以蓝色长衫为主色调。

在阿尔村、联合村等寨子，青年妇女多以真假发辫缠绕绣有满花的头帕，着红袍。袍子上身几乎也是满绣，下段则只在衣角上点缀绣一点花。在红袍外着素色黑背心，下身着黑裤。中老年妇女则多着蓝色长衫、黑裤；袍上仅大襟上有绣花，间或下摆也有简略绣品；背心仍以素面黑布背心为主；头帕则以黑色头帕交错包头为主，间或有包交叉白色头帕者。此地围腰特色较为突出，多以黑布为底，上以白线绣出各类几何图案。汶川地震后，近年出现了原来少见的"凤穿牡丹"纹、蝴蝶纹、锦鸡纹及各类花饰刺绣，且均为满绣。

龙溪沟村寨的羌族男装，亦如萝卜寨的一般，以黑布缠头，着黑裤、蓝长衫，且服饰上少有装饰刺绣。近年流行加上满绣的鼓肚和山羊皮褂，倒也很合乎传统。

图1、图2 穿着传统的“鼻梁鞋”的男子
鞋尖有一条凸起的条纹，似鼻梁，故当地人称其为“鼻梁鞋”，是云云鞋的别称。

3

图3 羌族刺绣通带
过去此种腰带内部是中空相通的，因此又叫“通带”，内部装上钱币后，可将其系到腰上并打结。
图4、图5、图6、图7 通带上常见的绣花图案，是八瓣花的几种变形
后页图 汶川县龙溪乡阿尔寨羌民在释比带领下跳羊皮鼓舞

4

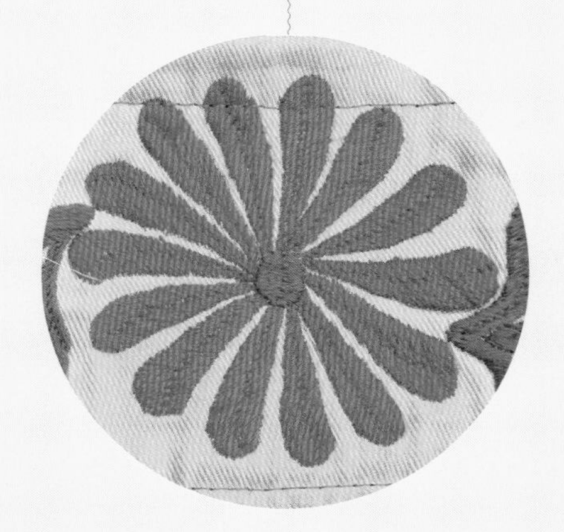

5

6

7

四川省
阿坝藏族羌族自治州
汶川县
绵虒镇羌族服饰

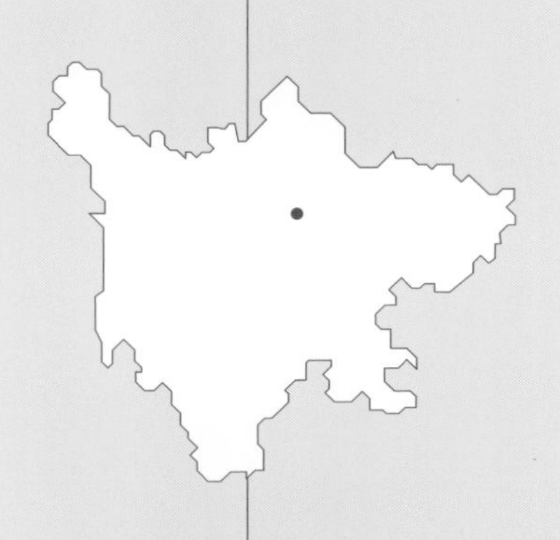

绵虒镇位于汶川县城西南方向，距汶川县城18公里。

绵虒镇羌锋村一带的羌族男子喜穿紧身素净长衫，外套羊皮褂，头裹白色头帕（主要是老年人），腰系黑色棉布腰带，脚穿黑色棉布圆口布鞋，裹黑色棉布绑腿。而羌族女装的装束与茂县沟口乡、渭门乡一带的大致相同，只是头帕的裹法和帕型有所区别。这一带妇女头帕的裹法是交叉缠绕的，衣服主要是青蓝两色的绣花羌服，喜系围腰。绵虒羌族女式围腰的最大特点是肚兜较大，占据整个围腰面积的三分之二，同时还有兜摆。依据绣娘的不同喜好和审美差异，肚兜上的花纹、图案也有所不同：几何图案的，花卉图案的，满绣的，半绣的……无论是怎样的形式，肚兜上的刺绣都是少不了的。老年妇女和男子的围腰除了在肚兜上有刺绣，在离腰摆边缘三四厘米的正中位置还会绣上一块方形小绣花图案作为装饰，当地称其为“一颗印”。

绵虒镇的羌锋村因被称为岷江西岸的“西羌第一寨”，已经成为旅游胜地。此寨原有几座石碉楼，又较好地保留了羌俗中的神树，近年村里还多建羌式居室、祭塔等，更加吸引游客。现在羌锋村的男女服饰少有为旅游而增加的繁杂改变，基本保持了汶川地震前的风貌，简洁、质朴、落落大方，极具亲和感。

1

图1 汶川县绵虒镇羌峰寨
图2 汶川县绵虒镇羌锋寨羌族妇女服饰

2

图1 汶川县绵虒镇羌锋寨羌族男子服饰
这三名男子的围腰与前页图中左一、右一妇女的围腰在下摆正中都有开衩和方形小绣花图案。当地传说，围腰原本没有开衩，后来为了劳动方便，官府批准围腰可开衩，但高度只能开到三寸。于是，羌女在围腰下摆三寸之处绣上一块方形图案，既相当于官府批准开衩尺寸的印章，又起到加固开衩处的作用。因此，此块刺绣又叫“一颗印”。

图2 汶川县绵虒镇羌锋寨羌族儿童服饰
与成人相比，当地儿童服饰的性别差异更小，男孩和女孩都穿着颜色鲜艳、衣襟带有刺绣的长衫，系着绣花围腰。
图3、图4、图5 彩色挑花十字绣，图案以八瓣花为主

3

4

5

四川省

阿坝藏族羌族自治州

松潘县

小姓乡羌族服饰

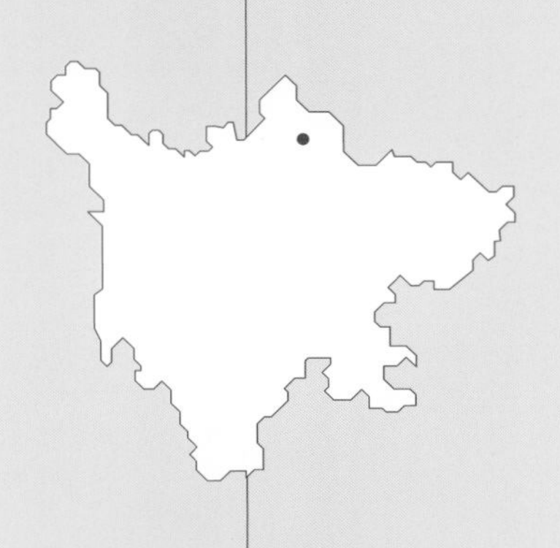

在1949年时，松潘还有一位势力颇强的土司，其后羌民日益减少，小姓沟（小姓乡所在地的河流）大约是现在仅存的一处羌族聚居地了。小姓乡与黑水县知木林乡相接，均属羌族中受藏族影响最浓厚的支系。且因附近羌人太少，汶川县、茂县一带银匠多为汉人，而松潘县、黑水县等地银匠多为藏人，因此，小姓乡银制品与藏族类似。况古羌本为游牧之部，不似今羌定居农耕，他们保存一些与现代藏族相近的游牧民习俗和服饰，原可理解。

小姓乡的羌民，原分为“牛”与“羊”两大支系，各居小姓沟之一侧。近代尚有资料记录二者“世为仇”的情况。关于两支系的对立，有许多说法。据说，过去二者过沟时都会拔刀砍地或树，同时，牛部会说“砍死羊脑壳”，而羊部则说“砍死牛脑壳”；此外还有“羊部是母系，牛部是父系”之说。以及羊部烧火时，先放进柴的根部，而牛部则相反云云。现在，牛羊二部的争斗早已随远去的历史飘散，只

1

图1 松潘县小姓沟

图2 松潘县小姓沟一带羌族老年妇女服饰

其衣袖为彩虹袖，耳环为大圆环，粗犷、简洁。边缘无须的头帕是羌人最原始的头帕，松潘小姓沟羌族由于受安多地区藏族文化影响，在无须头帕外面罩有一块带须的红色头帕，不仅美观，而且在天寒风大时，可以将其拉下来遮脸挡风。

1

2

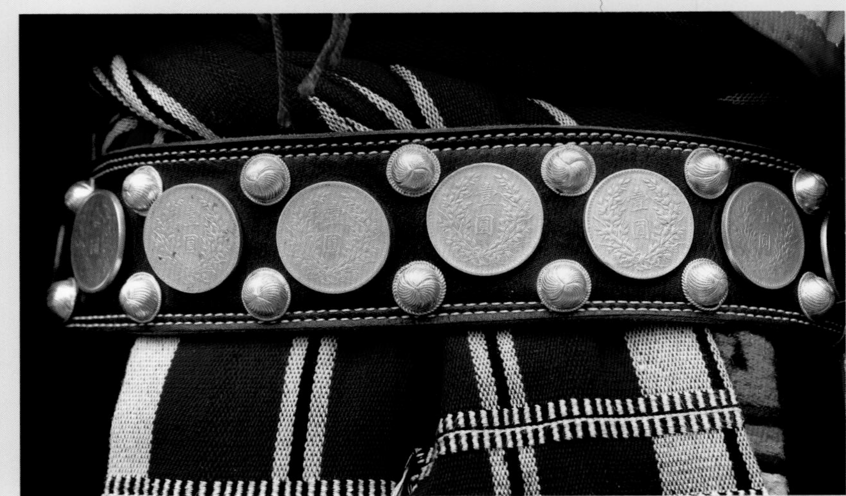

3

有《格萨尔王》之类的史诗还传唱着黑帐篷（牛部）与白帐篷（羊部）的生死之战。

小姓沟妇女发式为扎辫，以蓝丝线缠尾梢，辫发上常以珊瑚装点，再以红帕包头，让缠蓝丝线的辫梢垂于左后。头上则用藏区常见的珊瑚、银花、蜜蜡珠等做装饰。当地妇女身穿黑色长衫，背上镶一片红布，加上袖子上的白、蓝、橘红、绿、玫瑰红、黄等色彩，一同表现上天七彩之色。腰上扎织花宽带，再在其上加银腰带，腰带上悬有银质大针线盒、嵌珊瑚或绿松石的银奶钩。

当地不少羌族妇女穿白麻布的长大褂，大约因劳作时常弯腰之故，长大褂前襟仅长至膝，后襟长至踝。在长大褂上，系有间褶的围腰。也有妇人穿黑底彩色的百褶裙。其腰带均十分宽阔，其上的图案条纹多为机织的图案条纹。并且，当地妇女将腰带捆扎在身后，一如诸羌。

小姓沟羌人的男装尚带有不少羌族特色，如山羊皮褂子、白麻布或白毪子制作的长衫、红色素面腰带等，只是长衫领、袖口及襟摆处，多了以藏式氆氇为镶边的装饰。但该区男女均无羌式云云鞋或绣花鞋。因男子装束中已无羌式三角鼓肚，火镰、烟盒及吃东西用的藏式小刀，统统悬于腰带上，腰带上还横插一柄腰刀。只是长衫领、袖口及襟摆处，多了以藏式氆氇为镶边的装饰。

当地男子服饰的特点在头部，以长长的头帕横包成巨大的头包，上面插有野鸡尾羽，及以黄、红二色丝线交错成菱形的装饰。有的还在头顶正上方的头帕上，用藏传佛教的呷呜盒（即护身盒，用途是装小佛像或珍藏经大德喇嘛加持的药草、念珠等与佛有关的纪念物。盒上有环，可佩戴）或银花牌来装饰。

总而言之，小姓沟的村寨虽深染藏俗，但却是保持古俗较好的村寨。

另一个值得注意的问题是，松潘县小姓乡与相邻的黑水县知木林乡地区的女装，常在黑长衫的长袖臂上，装饰有七彩的环带。在国内其他民族中，

图1 奶钩
奶钩既是当地妇女身上的佩饰，也是其劳动工具之一。由于放牧是松潘地区生产方式之一，所以当地妇女会在腰间系一个奶钩，挤奶后，将奶桶挂在奶钩上，方便携带。

图2 镶有珊瑚和绿松石的腰带

图3 镶镶有银圆和钉扣的素色腰带
民国以前，羌人喜欢在腰带上镶嵌金属兽头等装饰物，民国后开始流行镶嵌铜圆。

图4 典型的松潘县小姓沟一带的羌族妇女服饰，奶钩、腰带是必备的装饰品

1

2

3

4

图1、图2、图3 松潘县小姓沟一带羌族妇女的腰带和编织飘带，体现了羌人在麻布上的编织技艺
图4 典型的松潘县羌族妇女服饰
图5 松潘县小姓沟一带羌族男子服饰
左一为典型的松潘县羌族男子服饰，绑腿有花边。

有类似装饰的大略有：长白山下的朝鲜族，青海互助县的土族，四川平武县及文县、九寨沟县的白马人（古氐人后裔）等。其中，长白山的朝鲜族，似自古以来与松潘羌族无联系，服饰上的雷同，大约均是出于对太阳和霓虹的崇拜。土族则是元代由于蒙古西侵而从中亚迁来的部族后裔，衣袖的装饰是受蒙古人的影响才逐渐形成的，也应与松潘县羌人无关，或仅出于巧合。

而白马人乃岷山间的土著，追其根则在崇山（现松潘城内的西山，其山延绵百里，现仍是松潘境内最著名的神山）。乾隆《松潘厅志》引《山海经》说："先龙生白马，白马是为伯鲧……夏之兴也，伯鲧降于崇山。"氐人自古宗黄帝而祖伯鲧，白马人既由松潘城关的崇山下，向东及北远迁入文县、平武县甚至中原，其中极有可能也有几支向南迁入近在咫尺的小姓沟及黑水。他们现在大祭之时，所呼唤的猎神、先祖神合一的神山，仍有不少在松潘境内。小姓沟羌人中是否有氐人血统虽尚待考证，自古以来史中即"氐羌不分"，这支人马与白马人相类似，值得注意。

四川省

绵阳市

北川羌族自治县羌族服饰

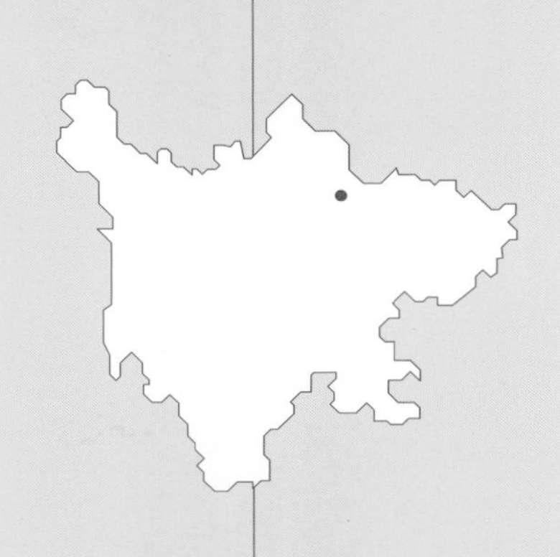

北川地处岷山东麓，羌族英雄史诗《羌戈大战》中提到，在羌族英雄阿巴白狗战胜戈基人（史诗中的魔兵，考古资料证实他们是早期居住在岷山地区的另一民族，可能是蜀山氏之后）后，他的儿子尔国率本部入居今北川一带。故，北川羌族的祖先主要来自阿巴白狗部，属白狗羌一支。所以，北川小寨子沟之羌，近代尚保留尊狗、打狗盟誓等白狗部习俗。且在北川羌区的寺庙或寨门上，多数雕刻有狗，在小孩的帽子上亦绣狗。

王清贵编著的《北川羌族史略》云："北川羌族大体以狗、蛇为图腾。"认为古时冉駹国的一支支系先于白狗羌逃入北川，后与白狗羌混居，两者的后代即为北川羌族。在论及当地羌人的服装时说："羌族人民的服饰较为单调，所以不管是在什么场合、什么时间都没有多大的变化。"在北川一些民族身份被重新恢复的羌族村民中，有人找出不少的"羌服"，已大多类于清末民初的满族、汉族服装，这足以看出现代羌服的演变过程。

北川羌族女性一般在头上包白布或者未绣花的黑色头帕，然后将两根发辫缠绕其上编为发髻。已

1

图1 羌寨索桥

图2 北川县羌族青年女子服饰 头饰吸收了茂县上三区（原赤不苏、较场、沙坝）头饰的因素，头帕前低后高是本地特色。

1

2

婚妇女头上的辫子中插有簪子，未婚的青年妇女则将发辫扎在头帕上。她们身着天蓝色或黑色的棉布长衫，也有的身着自织的青色或白色麻布长衫，长及脚背；外面套黑色棉褂或羊皮褂子，缠绑腿。她们的衣服上基本不绣花，只在衣服边缘绣上鲜艳美丽的花边，有的在衣领上还镶有一排梅花图案小银饰。她们腰系绣花围腰（北川一带的羌族女式围腰样式是黑底黑腰的半襟围腰，其肚兜上和围腰底摆对角两边用不同色线绣上对称花卉图案，简洁明快）和飘带，戴耳环、镯子、簪子等金银饰物。

北川羌族男性，一般穿自织的长过膝的白色或青色麻布长衫，个别也穿羊毛或牛毛织成的毪子衫，外罩一件山羊皮皮褂，或布制的棉背心。他们头上一般包白布或黑布的帕子，脚上拴有麻布裹脚，缠有毪子。过去，他们一般穿用山核桃树皮或杨柳树皮、玉米壳、棕等制成的草鞋，腰系羊毛、麻线混纺的带子，1949年后改为拴红布带子。他们平常的吸烟工具则插在腰间或小腿上。

北川一带近年来羌服制作蔚然成风，款式繁多，在节日庆典时，北川男子的羌服就显得比较大气（具体区别就是把以往服装款式的尺寸稍微放大，穿起来显得宽松大气），且具有引领羌族男子服装发展的势头了。

图1 拨口弦的北川青年羌族女子
其衣帽在借鉴茂县、理县服饰的基础上做了一些改变，形成了北川县羌族服饰自己的特色。

图2、图3 北川羌族青年女子服饰
借鉴了茂县土门乡服饰，其围腰为满襟围腰。头帕保留了茂县头帕的风格，衣服以粉红色为主调，在此基础上使用黑色点缀。

后页图 北川羌族妇女服饰
缀满白色头帕下缘的若干个彩色绒球，让当地羌族女子的面庞显得生机勃勃。

3

羌族服饰拾零

羊皮褂

羌族的服饰总体而言只有三个发展阶段：第一阶段为远古至明代以前，这一时期大抵保留了古羌游牧时代的服饰特点。第二阶段为明代，这一时期大量羌人或融入汉族，或因迁徙而融入其他民族，形成了新的族群，服饰也开始有所变化。在所保留的羌族服饰中，大抵只剩下皮褂、麻布衫或大皮袍、毡袍，如今在少数人家中尚能见到少量遗存。第三阶段为清初至今，由于清政府强行变发变服，人口极少而又与汉民相邻的羌人，大抵变得与汉民一样改穿满族服饰。如岷山东麓白草河流域的白草羌等众多羌族支系，都融入了汉民之中。但部分羌人至今仍保留了羊皮褂、“一匹瓦”等特色服饰。

在羌族的服饰文化中最具民族特色的是羊皮褂。羊皮褂子用绵羊皮、山羊皮和岩羊皮为主要材料制作而成，简单结实，也称“皮褂褂”“领褂子”“褂褂”或“马甲”，极适应当地早晚凉的气候，且又可在坐下或背负重物时用于垫衬。

其制作工艺和方法是：将生羊皮晒干后，用冷水浸泡3至6天，等到生羊皮变软后捞起，进行脱水、刮皮、上油、扯踏、揉搓、干燥柔软等程序，使羊皮柔软适度。制作完羊皮后，便是缝制。由于羊皮不易缝制，因此，羊皮褂一般由年长且在家中有一定地位的男子来缝制，而且缝制的线为山獐子或鹿的皮割成的皮筋线。一件成人羊皮褂子需要两张完整的羊皮料制作，缝制时要用尺子、剪刀、锥子、皮针、皮线、木锉等工具，做工繁复，对缝制技巧有较高的要求。特别是挖领口、开襟边、收腰围、编纽扣等，需要具备高超熟练的技艺，否则制作出来的羊皮褂就会扇领耸肩，翘尾锁腰，既不合身，又不美观、结实。

羊皮褂是以羊为图腾的羌人的标志性服装。羌族的羊皮褂之所以流传范围广，流传时间久远，主要是因为它正反两面均可穿用，实用功能很强。在春夏季节穿着时，将毛面向外，其毛既可防雨，又可防晒；在秋冬季节穿着时，将毛面贴身，可达到保暖御寒的目的；在劳动的时候，皮褂子是盖肩垫

右页图 茂县三龙羌族男式羊皮褂

1

2

3

4

背的好工具；在休息的时候皮褂子又可以用来当坐垫，若在劳动中困倦了，还可将羊皮褂子铺地当毯子用。

在氐羌系的诸民族中，大都接受并承袭了穿羊皮褂这一传统，但各自因地域、气候等关系，又做了一些改变。

有一种说法认为嘉戎藏族与白马人，均与诸羌同居于岷山境内，但由于定居农耕的时间较羌人更长，当属于古氐系民族。而氐人历来以善织著称于史，故嘉戎人或白马人所穿的羊皮褂，其皮需要先制熟（即硝过），使之变得柔软而轻便后，再以布、绸作面，或配以花绣，方可制成。

羊皮褂在甘孜州康定县的鱼通贵琼人那里，则变成了连蹄有尾及头的形式，连羊角都在上面。据当地人讲，这才是最古老的羊皮褂样子。可以作为这种说法旁证的是，近代白马人跳傩之时，各部均顶着图腾动物的头骨，如白熊部顶熊猫头骨，黑熊部顶狗熊头骨，后来才变为用木雕出来的头骨代替。

在牦牛山这一安宁河谷西岸的巨大山脉，生息着不少从前被称为“西番”的群落，那是在诸羌南下时，因种种原因滞留在该地的族人。比如，其中纳木依一支，他们自认是古牦牛羌的后裔——也就是牛部的一支。纳木依人崇牛，故在其房顶供牛角，在屋基埋牛角，遇事释比以吹牛角召集族人。他们穿一种用本色牦牛毛织成的长皮褂，这成为该支系的服饰标志。而岷山间的羌人，也有穿同样长皮褂的——如松潘县小姓乡的羌人就是如此，只不过小姓乡的长皮褂也有的是以白麻布织成的。

近代，背心的材质、厚度和样式也有了变化：材质有棉的、绸的；厚度有单的、夹的；样式有大襟式、琵琶襟式及对襟式的。这些背心多属老年妇人穿着，以替代硬而重的山羊皮褂子。

图1 典型的羌族男式羊皮褂
由于羌人的羊皮褂是皮缝皮，所以他们在缝制羊皮褂时，先将锥子在火上烤红，然后在羊皮上钻孔，让皮制的线穿过孔进行缝制。图中可以看到锥子钻的孔。
图2、图3、图4 分别为羊皮褂衣襟处、袖窿处和下摆处的细节
图5、图6 茂县永和乡羌族男式羊皮褂

5

6

1

图1、图2 茂县男式羊皮褂
羊皮褂的羊毛越长，羌人越感到神气，一般参加婚丧嫁娶等大型活动时候才穿长毛羊皮褂。平日劳动时，则多穿毛较短的褂子，不仅可以御寒，还能作为坐垫、被子使用，背东西的时候也可以用作垫肩，可以说一物多用。
图3 理县桃坪羌族男式羊皮褂

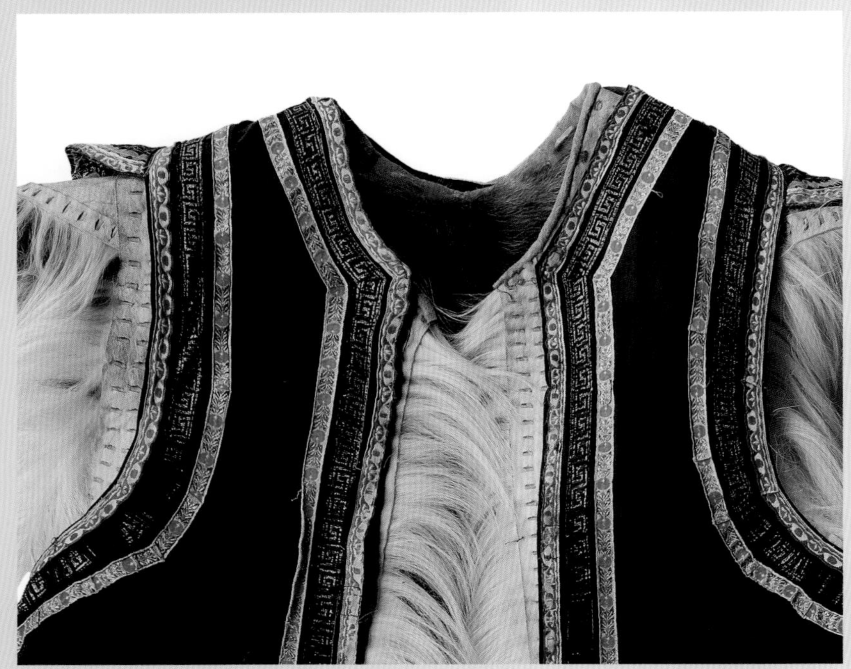

2

3

图4、图5、图6
汶川县雁门、龙溪、绵虒
一带羌族男式羊皮褂

4

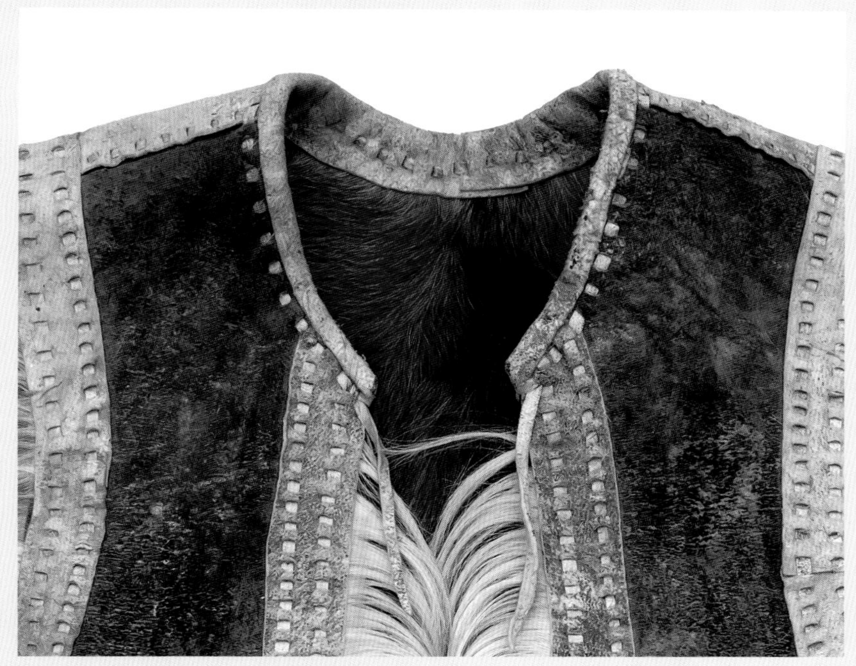

5

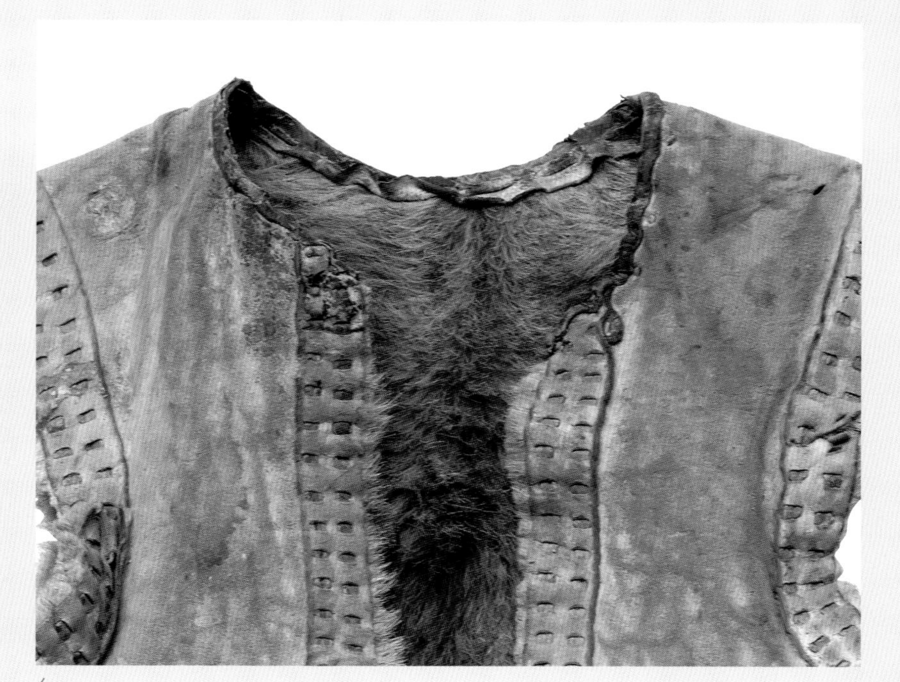

6

1

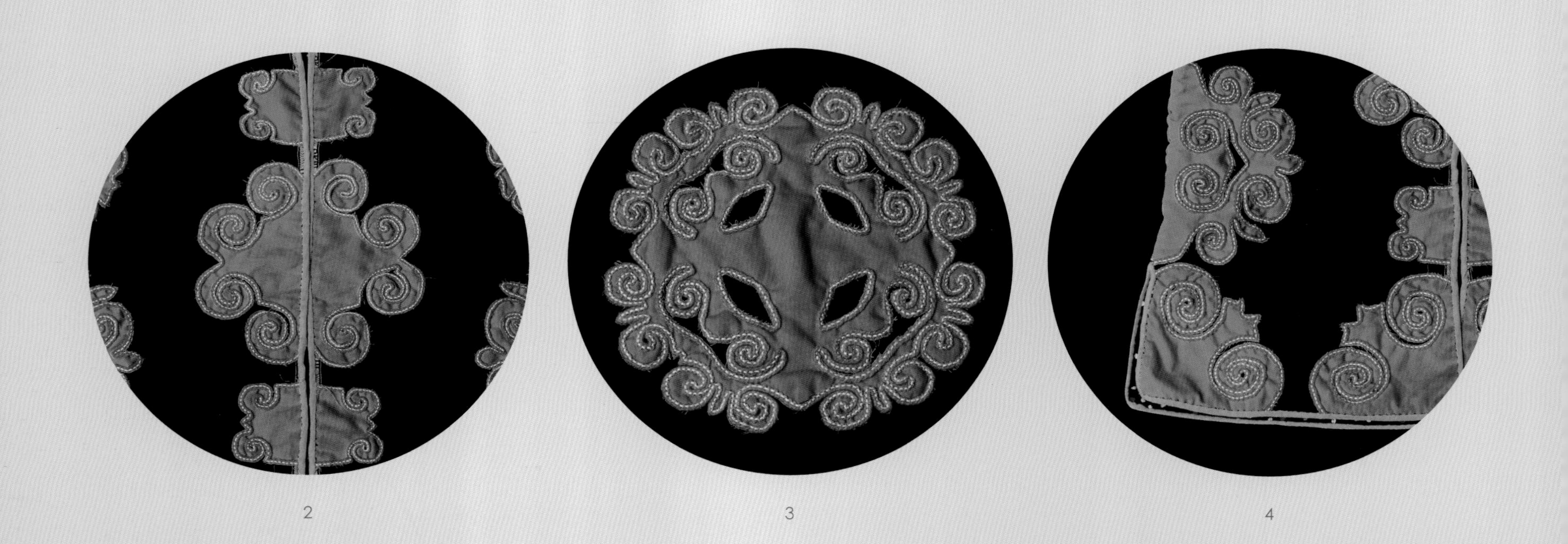

2 3 4

图1 理县薛城、木卡、通化一带羌族女式绣花背心
图2 云朵图案，在黑色底子上绣上蓝色，象征蓝天
图3、图4 金元宝样式的图案，常用在儿童服饰上
图5 理县蒲溪乡休溪村羌族妇女绣花背心
领口两侧绣有吉祥结图案。褂子前襟的云锁图案在穿着此背心者佩戴银锁时，可以起到衬托银饰的作用。
图6、图7、图8 分别为理县蒲溪乡休溪村羌族妇女绣花背心前襟处、后领处、下摆处的细节

5

6

7

8

长衫

汉族及西南各族自古多以麻布为衫，自棉花传入后，尤其机织布普及后，棉衫才替代麻布衫。只是在贫瘠而又不产棉的羌区，更多地保留了这类以腰机织成的麻布衫。汉区至今仍在生产一种细麻布——夏布，因其价高于棉布，故一直未传入羌区。

羌人古代服饰资料很少，大致说来，多以皮裘、毛、麻织品为衣。羌族古代服饰中以“披毡”最具特色。《新唐书·列传第一百四十六上·西域上》称：“(党项)男女衣裘褐，被毡。”这一服饰传统，至今仍在与古羌有紧密关系的彝族中保存。

近代羌族服饰基本上承袭了袍服之制，服饰面料仍以皮裘、毛、麻织品为主。羌族女子服饰各地不同，而羌族男子服饰较为统一，多着长衫、袍、长裤，缠头帕或戴皮裘帽。

现代羌族男女多穿自织的麻布长衫，形似旗袍。男式长衫则长过膝盖，女式长衫则长及脚背。女装与男装不同的地方是男装的领边、袖口、腰带和鞋子上常挑有圆圈纹、三角纹等几何花纹图案，而女装绣有鲜艳的花边，有些地方的长衫领子上镶有一排梅花图案小银饰。女装多以花纹装饰，挑绣的图案大都反映现实生活中的自然景象，如植物中的花草，动物中的鹿、狮、兔及人物等等。所挑绣之景物，无不栩栩如生，内容则多含吉祥如意以及对幸福生活的憧憬和渴望的意义，如“繁花似锦”“鱼水和谐”等。

羌族的长衫以黑色、蓝色、青色、白色为主，白色的长衫与其白石崇拜有关。在赤不苏、叠溪、黑虎乡、永和乡等地区，由于受藏族影响较深，其长衫似藏装，一般为大领长袖。在理县薛城、汶川绵虒等地，人们为了生活方便，多着汉装，再穿羊皮褂子，或将长衫变短、宽衣变窄，并将繁杂的嵌边及图案变得简约。

1

图1 典型的理县蒲溪乡男子长衫
长衫腰部有云锁图案，起装饰和加固的作用。
图2 长衫衣角的蝴蝶图案
图3 领口的佛教八宝之一盘长结图案

2

3

1

图1 理县上、下孟地区的已婚羌族男子长衫
男子一般穿底色为黑色，上面绣有白色、红色图案的长衫，女子长衫一般为阴丹士林布。裙摆两边未封口。
图2、图3 羌族男子长衫上的太阳花图案
受满族影响，长衫的领口有粉红色边，且领口断开。

2

3

图4、图5、图6 茂县上三区（原赤不苏、较场、沙坝）的典型羌族男子长衫图案为回字纹、云朵纹。旧时羌族男子长衫没有红色的，但随着社会的发展和当地人喜好的变化，开始出现红色长衫。

4

5

6

1

2

3

4

图1 茂县叠溪、太平，松潘县镇坪一带羌族女式长衫
穿这种长衫时一般配白头帕，为年轻女孩的装束。
图2、图3 羌族女式长衫上的牡丹图案
图4、图5、图6 汶川龙溪乡阿尔村羌族女式长衫绣花图案
自上至下分别为八瓣花、牡丹、太阳花。

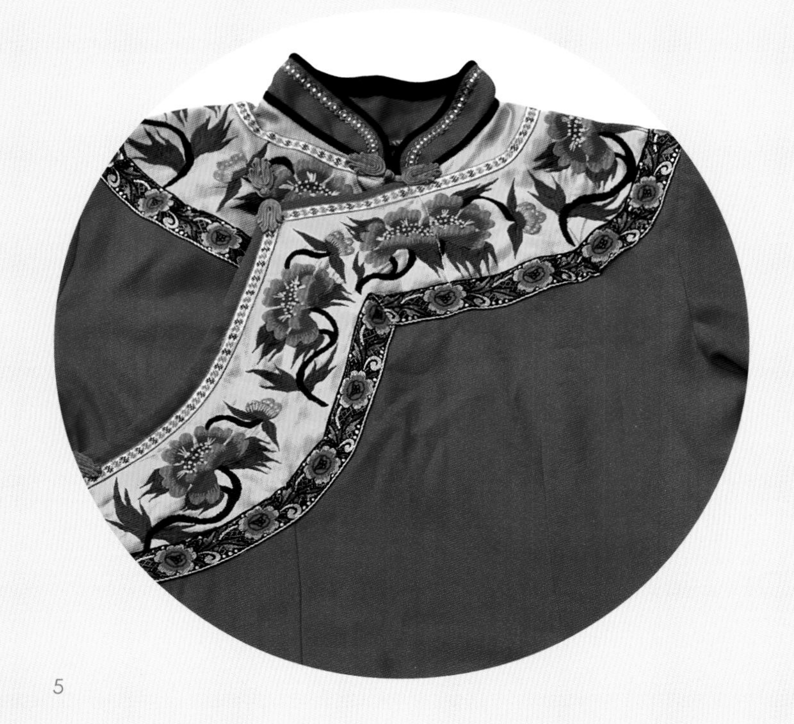

5

6

1

图1 理县蒲溪乡羌族男子日常穿着的麻布长衫衣角、袖口、领口都有云朵纹、回字纹图案。
图2 理县蒲溪乡羌族男子麻布长衫下摆细节
图3 理县蒲溪乡羌族男子麻布长衫领口细节
领口图案由于历史原因将过去的银质兽头演变为五星图案，肩上亦有银牌演变而来的用布做的图案。

2

3

4

图4、图5、图6 茂县较场、杨柳、牛尾一带男子羊毛长衫
衣襟处的图案为典型的古羌图案，领边、袖口、下摆嵌边的是彩色氆氇，受茶马古道藏文化的影响。

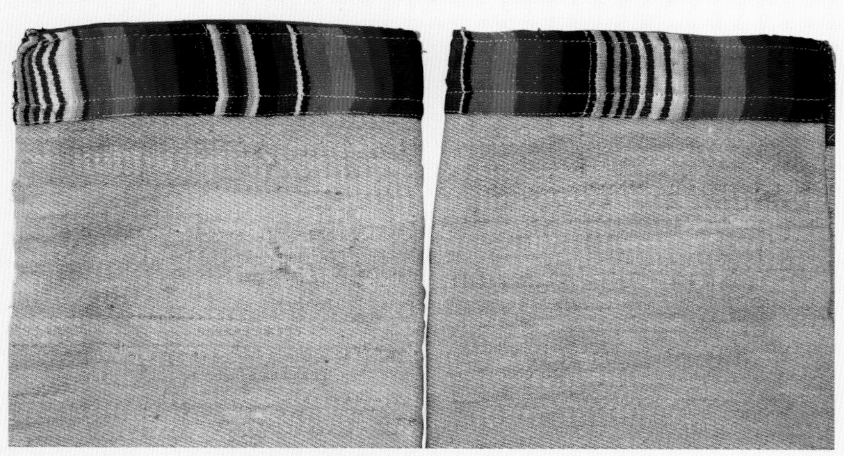
5

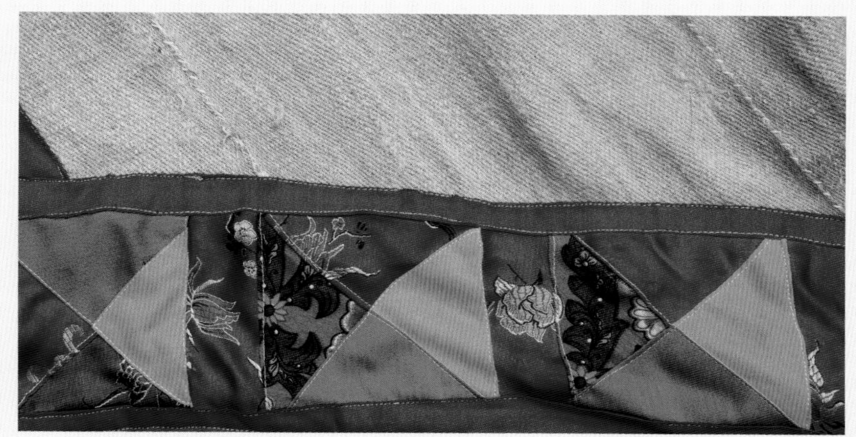
6

发式与头帕

从文献资料来看，氐羌系诸族的发饰，大抵经历了披发、辫发、椎髻三个阶段。

《山海经》云："西王母……豹尾虎齿而善啸，蓬发戴胜。"正如《后汉书·西羌传·滇民》中所云："羌胡披发左衽。"游牧之部，在广阔的草地上无拘无束，故采用自然披发的发型，与定居农耕的民族"此皆魋(通"椎")结，耕田，有邑聚"(《史记·西南夷列传》)相别。

1973年在甘肃天水秦安县大地湾遗址出土的人头形器口彩陶瓶，其人头正面留有刘海，其后披发。另在大地湾出土的陶壶及甘肃永昌出土的彩陶罐上，均绘有"披发覆面"的形象。《后汉书·西羌传》云："羌无戈(《后汉书·西羌传》原文：羌人谓奴为无戈)爰剑者……又与劓女(劓为割鼻之刑)遇于野，遂成夫妇，女耻其状，披发覆面，羌人因以为俗。"可见羌确有"披发覆面"之俗，但因无鼻而为似是讹传。昔日在藏区，曾见一类以牛毛或人发编织的眼罩，是为了防止雪山强烈的反光引起雪盲症所用。《后汉书·西羌传》中所记、大地湾陶壶上所绘的"披发覆面"形象，大概是当时的高原羌民牧人为防止高原强烈阳光刺眼，故披发覆面以保护眼睛。永昌出土彩陶罐上的人头也属于此类形象，其发型有刘海，刚好护着眼部，至口部上方而止。若此推论成立，则早在7000年前，羌民即知以此来保护自己，不可谓不先进。

然而这种发式在地势低且温暖的森林河谷地带就不适用了，故变成了"辫发"或"椎髻"。在1973年青海大通县上孙家寨出土的新石器时代舞蹈纹彩陶盆上，有一组五人牵手而舞像，人像脑后均有一辫。可见，约在新石器时代晚期(距今约4500—5000年)，部分羌人的祖先已开始束发或辫发了。在大地湾出土的较前者更古远(约7000年前)的人形陶罐，上身只戴一个三角胸饰，下身绘有似为裙的彩绘；而另一种红陶人头像额上，则似为发辫横绕于前。束发或辫发可能是因为当地在岷山北麓之尾，地低而温暖，进入了粗耕农业时代，于是根据劳作生活的需要，改变了发式。仰韶文化(公元前5000—前3000年)遗址所出土的陶器上，有一个绘制的人头像，戴尖帽，耳似两鱼，似当为释比之像。彝族男子传统发式"天菩萨"具有典型的"椎髻"特征，并保留至今。

同样，为遮蔽高原强烈的阳光，羌、戎女性则在辫发后，在头上顶一块叠布即"一匹瓦"，至凉山彝族则演变为"荷叶顶"等头饰。辫发上加"一匹瓦"或各种包头、帽子等，均是为了在林间穿行时，头发不被山石、树枝挂住，当然也有遮阳的功能。包帕是近代才传入羌区的，实用功能与"一匹瓦"无异，而审美功能则因地区和支系不同生出种种变化。

右页图 茂县赤不苏一带羌族妇女发式、头帕
羌族头饰因婚丧礼仪、地区气候等原因，有所差异。

1

2

3

4

图1 从侧面看赤不苏一带的青年羌族女子发式及头帕
当地青年女子将头发编成发辫和“一匹瓦”缠在一起，旧时发辫只用自己的头发编制，现在也用丝线制成的发辫，一般为蓝色和黑色。缠绕时，将头发分成三股，每编一次加入一股丝线发辫，最后将其与头发本身完美地结合在一起。头发越多，编后发式越高，也越漂亮。
图2、图3“一匹瓦”上的饰品
装饰用的若干颗银花自前向后共两排，被横向缠绕的发辫分隔开。
图4 展开后的四方头帕
头帕上有丝线制成的发辫、银花及珊瑚，绣花为羌区常见的野桃花，一般是先剪后粘再绣。

其中，蒲溪乡的羌族男子头帕黑白相间，似是述说着他们是古代牦牛羌的后裔：以羊（白）为总图腾，而以牛（黑）为次图腾。蒲溪乡羌族女子则包黑色头帕，并留出两支点缀着红线的帕头，象征着牛角。

“一匹瓦”为羌人头饰之一，为绣花头帕，两端绣有花纹。现保留此装束的部落已不多见，羌区流行仿照汉人式样的各类包头，并加以改造。但“一匹瓦”这样以辫缠头帕于顶之风气，不但由来已久，且如百褶裙一般，流布极广，应上溯到岷山间诸羌尚未大量出逃之先，最晚恐怕也当追溯到秦汉之前。

1

2

图1、图2 茂县三龙一带羌族妇女头帕
图3、图4、图5 理县薛城、木卡一带典型的羌族妇女头饰顶视图、侧视图、前视图
在“一匹瓦”上装饰有较多的银饰，而且将银圈缠入辫子作为装饰，这是当地妇女节庆时候的盛装头饰。头饰体现了这一地区的文化特征，服饰与银饰的图案都受到藏族影响。

3

4

5

1

2

图1、图2 茂县黑虎地区的黑虎羌白莲孝（又称万年孝）头帕，是羌族孝文化的体现

图3、图4、图5 黑虎羌白莲孝头帕的包裹过程

黑虎白莲孝头帕从背后看形如一朵白色莲花，当地人为纪念黑虎将军而戴这种头帕，心灵手巧的羌族女子含蓄地将旧时的盖头帕变成了一朵花。头帕最初为纯白色，后来演变为白、黑、红三种颜色。先裹白色的头帕，再裹黑色的头帕，最后用一块红色的布打结成一朵花。

图6 茂县黑虎乡羌族妇女头帕

3

4

5

1

2

图1、图2、图3、图4 松潘县小姓沟羌族妇女头帕
其中图3为羌族地区典型的妇女头帕裹法。
图5 松潘县小姓沟羌族妇女头帕
颜色鲜艳，缠有珊瑚、玉等饰品。由于受蒙古族影响，衣领为蒙古式的立领，衣襟的七彩带为当地羌族特有的。

3

4

5

本页图 茂县赤不苏一带羌族男子头饰、头帕

头帕上插有两根野鸡毛，起装饰作用。过去，头上插羽毛是羌族男子出征或者从事其他大型活动时的装饰，表现男子的英武之气。

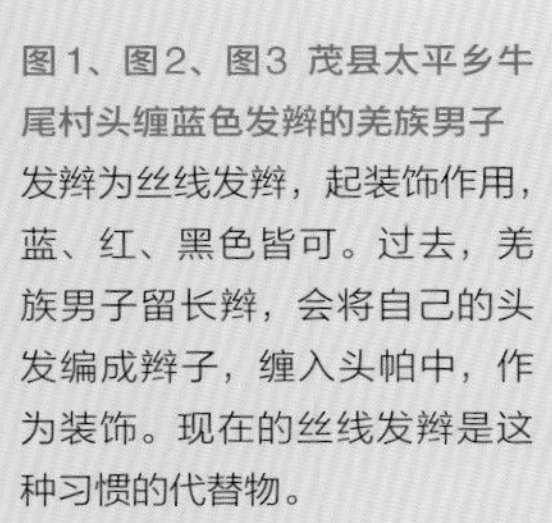

图1、图2、图3 茂县太平乡牛尾村头缠蓝色发辫的羌族男子
发辫为丝线发辫，起装饰作用，蓝、红、黑色皆可。过去，羌族男子留长辫，会将自己的头发编成辫子，缠入头帕中，作为装饰。现在的丝线发辫是这种习惯的代替物。
图4、图5、图6、图7 茂县永和乡一带羌族男子的头帕
这类头帕是在原来黑色头帕的基础上演变而来的，红色的带子起装饰作用。

1

图1、图2、图3 松潘县小姓乡羌族男子头帕、头饰
蓝、红、黄三色辫子和头帕上的黄色装饰品，都是受蒙古族影响的体现。
图4 羌族男子盛装头饰
旧时用银牌装饰，现改用羽毛。头帕为典型的黑白裹头帕。
后页图 理县蒲溪乡大蒲溪村羌族青年妇女在同伴帮助下包头帕

2

3

4

饰品

1

2

银饰品是羌族妇女的主要佩件，有银发饰、银耳环、银耳坠、银手镯、银戒指、银簪子，连儿童的虎头帽上也镶有银饰件。成年羌族妇女在帕顶绣制满花，缀以银牌，在精致的发辫上还会缀上一些名贵的饰品。耳环品种繁多、样式各异。项链有金项链、银项链、珊瑚珠串成的珊瑚项链，其中以银项链的款式为最多。

古羌戒指有三种："第一种为鼓花马鞍戒指，做工精巧、古朴典雅，图案包括与羌族的文化、生活密切相关的戏曲人物、民间故事等，这种戒指给人一种心旷神怡的感觉。第二种为平刻花戒指，主要以线刻和浅雕花为主，线条转折流畅、优美大方，戒面图案有人物、飞禽走兽、花鸟鱼虫等，带有浓郁的生活气息。第三种为小鼓花戒指，在平刻花的基础上增加了凸出的图案，雕工非常精细，图案栩栩如生，极具立体感。"（三郎俄木，才华加:《播种羌族银饰文化——茂县羌银饰工艺人杨维强》）

羌族妇女还喜欢在腰间系银式针盒。盒顶用小银圈制成银圈链，在链端上串有不同色彩的小珊瑚珠，盒脊呈方形并有不同的图案花纹。

羌族女性除了银饰，还有其他质地和种类的饰品。有的羌族女性用彩带将铜钱串成长项链挂在颈上。此外，羌族妇女在冬季喜欢腰系绵羊毛编织的羊毛腰带，其他季节则喜欢拴上质地轻柔的红色绸带。相比之下，羊毛带的装饰内容要比绸带丰富，"如可在染成纯黑色的羊毛带两端用五颜六色的花线缠绕，并在带子的末端再串上一些小铜铃。这些小铜铃不论在什么样的环境下都会碰撞出清脆悦耳的铃声，特别是在通宵达旦跳萨朗舞（俗称锅庄舞）的时候，那一个个小铜铃随着舞者的脚步变化和动作的快慢轻重发出不同节奏的美妙声音。和两端装饰复杂的羊毛带不同，绸带的两端则要绣上简洁的花

图1、图2 羌族妇女的银耳环、银簪子
图3、图4 由汉族簪子演化而来的羌族簪子
图5、图6 羌族银质耳环
图6的耳环模仿了南瓜子的样式，下端还挂有细长的铃铛，走起路来会发出铛铛声，很远的地方都听得见。这在100年前是羌族耳饰的普遍样式。

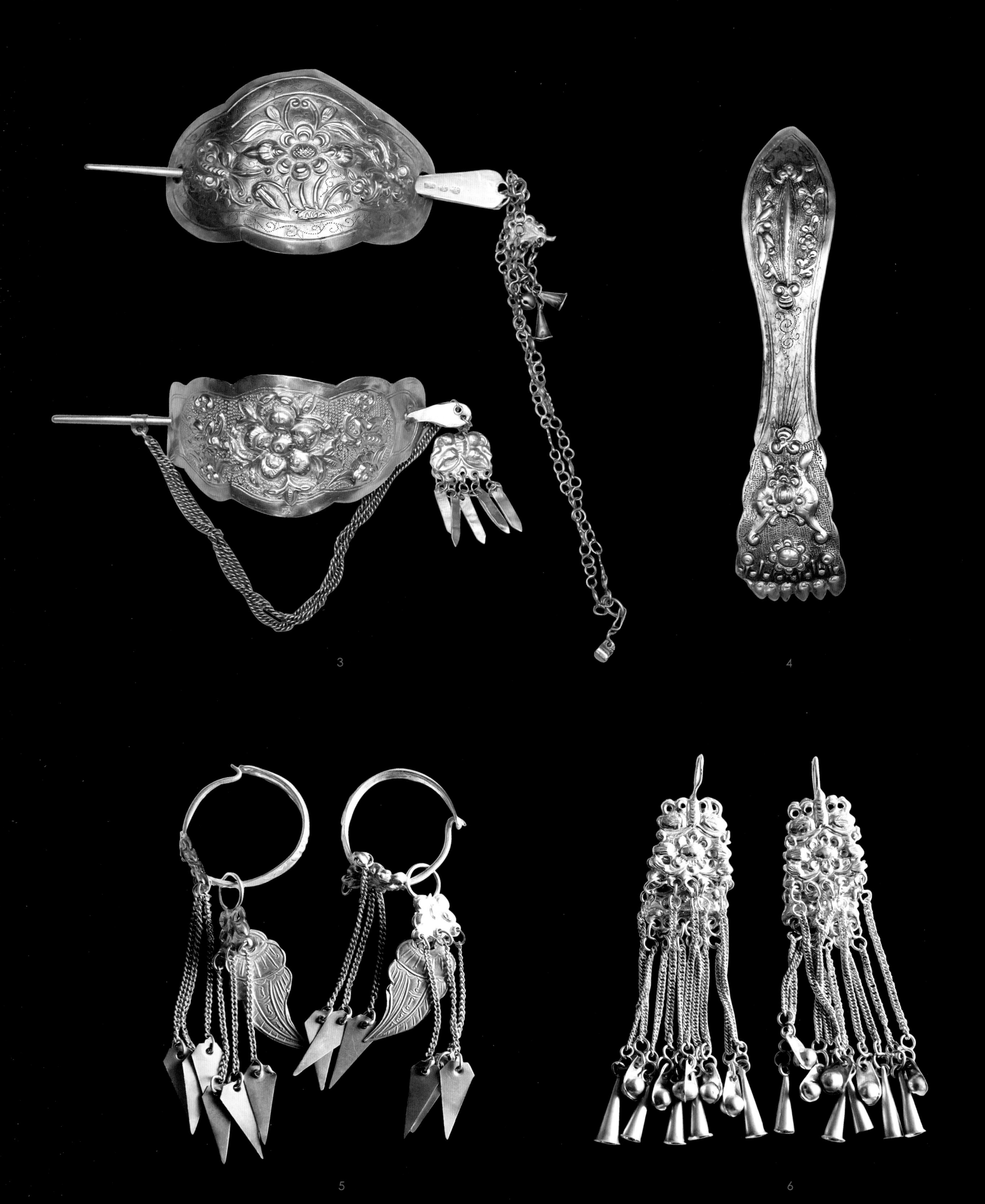

3

4

5

6

1

2

3

边，一是为了丰富绸带的内容，二是为了避免绸带两端抽丝，用花边加以锁边。

羌族老年妇女的饰品不如年轻女性那样种类繁多。耳环、戒指、手镯都变成了简洁的、既无图案也无其他点缀的素银饰物。为了方便生产生活，老年妇女除非探亲访友或是参加隆重的活动，否则不常将象牙手镯戴在手腕上。只有她们腰带上悬挂的银质针包、铁制针夹以及手指上戴着的顶针是她们永不褪色的、美丽炫目的饰品。因为这几样佩饰凝聚和承载了她们一生的勤劳、善良、聪慧和坚持不懈追求美、崇尚美的优秀品质。

图1 茂县太平乡、松潘县镇坪乡一带羌族妇女的饰品戴在胸口的银牌，象征太阳。

图2、图3、图4 不同形式的银质花牌

其上钉有珍贵的红珊瑚，形状分为圆形和方形，方形银牌一般缝在围腰的腰上。银牌上的花纹为羌人喜爱的蝴蝶纹、回字纹、寿字纹等，寓意吉祥。

4

5

图5 银牌下用各色珠子串有一个铜质针线筒
图6 编织腰带上的银牌

6

1

2

3

4

5

图1 松潘县小姓乡一带羌族妇女腰带
图2、图5 松潘县小姓乡一带羌族妇女腰间佩戴的银牌和银锁
图3、图4 松潘县小姓乡一带羌族妇女腰间佩戴的奶钩

1

2

3

4

5

6

7

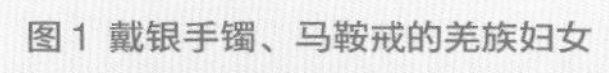

图1 戴银手镯、马鞍戒的羌族妇女
图2 马鞍戒及其精细的花纹，旧时马鞍戒比现在的更厚
图3 饰有珊瑚珠的银手镯
图4 叠戴多件胸饰的羌族妇女
这位青年女子领子内戴着一条玉石坠项链，在衣襟处戴着一条蜜蜡珠和绿松石交错串成的项链，胸前还有一把巨大的银质吉祥锁，羌、藏、汉多个民族的审美趣味在此交汇。
图5、图6、图7 不同样式的理县蒲溪乡河坝村羌族妇女胸饰
图5中的胸饰形似太阳花，镶嵌红珊瑚和绿松石珠，与藏族饰品较为相似；图6中的吉祥锁为掐丝珐琅质地，还有太极图案，与图7中的银质吉祥锁一样，都是受到汉族文化影响的产物。

1

2

4

3

5

6

7

图1、图2、图3、图5 针线包由银制品演变为布包，布包外绣有精美的图案
图4 羌族女子腰间必备的配饰——口弦和针线包，既实用又有装饰作用
图6 理县桃坪乡羌族青年妇女吊饰
图7、图8 茂县羌族青年妇女的云肩及其局部
四方四合云纹装饰的云肩是汉族女性传统配饰，与喜爱云朵纹的羌族文化不谋而合，在羌族女性的再创造之下产生了新的美感。

8

鼓肚

羌族男子多佩腰包，当地人称为鼓肚或者裹肚，是古羌人出门在外时为方便携带随身物件而设计制作的，其中装有火镰、火石和引火用的野棉花。现在的鼓肚仍然以装打火用具为主，也装烟等零散物件。古时山间的火种是极为珍贵的，冬日入山打猎砍柴，无火种几乎难以活命，故羌人的火镰往往装饰繁复，以钢制成，以银或铜镂花或嵌以珊瑚、玛瑙、绿松石等点缀，有些火镰中间镶以羌族人所最崇拜的圆形神兽图银饰，更显出尊贵与庄严。装火镰的鼓肚有用布做的，上面加以绣花；也有以鹿皮、麂皮或其他皮做成的，目的是更好地防湿。布做的鼓肚一般以双层布做成夹层，其形为三角形，一般系在腰前；羌族年轻男子好以红布制作鼓肚，多系于腰部左侧，更显得风流俊俏。皮制鼓肚则多以剪成云纹、卷角羊纹的皮或布缝贴上去作为装饰，或烫花装饰。

鼓肚和现代人所流行的挎包极为相似，充分体现出古羌艺人超前的审美观念。由于火柴及打火机已流行，故该地男子的三角鼓肚几已失去实用意义，不过，这一既是装饰品又有实用性和纪念意义的物件随着文化旅游的不断兴起，在近几年又复苏了。

本页图 羌族男子的鼓肚
旧时常用来装生火用的白石、野棉花草等野外生存必备品，且材料多为羊皮、牛皮制作，现改用布缝制，外面绣有八瓣花、太阳花、云朵等图案，多用于装饰。

1

2

3

图1、图2 鼓肚上绣的八瓣花、桃花图案
图3 腰系绣花鼓肚的汶川县雁门乡萝卜寨男子
此为扎花双层鼓肚，外面一层为盖子，可以揭开，内可装东西。

1

2

图1、图2 圆头和尖头的鼓肚，体现了羌族文化的多样性
图3 花纹为双鱼，表达了羌族人对鱼的歌颂，对丰收的祈求

3

4

5

6

图4、图5 方头鼓肚
图4中的鼓肚加入了现代元素，用亮片、流苏来装饰。
图6 绣有花瓶的鼓肚，是羌族妇女丰富想象力的体现
图7 牡丹花纹鼓肚，腰部有回字纹等图案
图8 系鼓肚的羌族男子

7

8

1

3

2

4

5

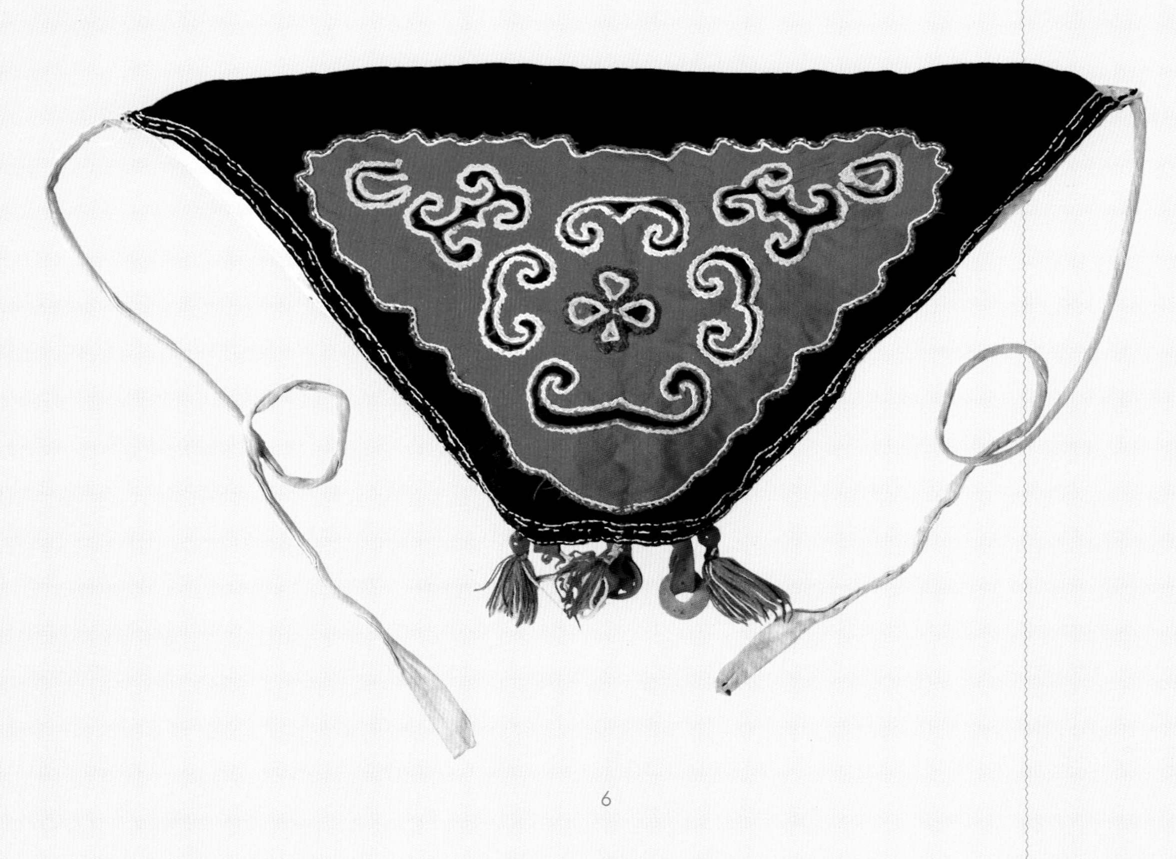

6

图1、图3、图4、图5、图6 羌族男式鼓肚，绣有不同的图案和花纹
图1、图6下方还吊有钱币，钱币是旧时常见的装饰。
图2 皮鼓肚
将獐子皮、羊皮等兽皮风干后缝制的皮鼓肚，旧时很常见。
后页图 各式羌族男式贴布绣鼓肚

围腰

右页图 茂县永和乡羌族青年女子双层半襟围腰

围腰是裙和裤的补充物或者说保护物、装饰物，是围在腹部、腰部的布块，根据大小和形制的不同可以称呼为围腰、围裙、肚围或兜肚（也指围腰上的口袋）等。中国少数民族这一类服饰十分丰富，绝大多数的南方民族都系围腰、围裙、兜肚之类的饰物，并以此作为自己服饰的组成部分。

羌族围腰、围裙、兜肚都很有名。羌族的围腰分男式围腰、女式围腰、婴幼儿围腰。围腰的款式分为前围和后围，前围款有满襟和半襟之分，而后围款则只有半襟。

男式围腰有皮质的和布料的，皮质围腰由于具有耐磨性，主要是在修房造屋时由工匠们使用。工匠们在选择、搬抬、码砌石料时，皮质围腰可以保护衣裤及肌肤免于被石料划伤。而男式布料围腰使用范围就更大了，比如杀猪宰羊时，红白喜事帮忙时，生火做饭时等等。从装饰角度看，男式围腰基本上是以素净和实用为主，不在上面进行刺绣之类的精细处理。

女式围腰和婴儿围腰（围裙）则是妇女和婴幼儿服饰的组成部分，兜肚是围腰上的口袋，并且在兜肚表面是要进行刺绣加工的。这样不仅发挥了围腰的实用性，还展示了围腰制作人的聪明才智和心灵手巧。羌族妇女的围腰是羌族服饰不可分割的组成部分，不但非常美观大方，而且因生活的环境不同而呈现出刺绣风格的多样性。

茂县叠溪镇羌族妇女的围腰款式基本属于满襟围腰，不同于其他羌区妇女，她们习惯在没有刺绣的长衫外面着一件夹心棉的斜襟马甲，再在马甲外系上满襟黑底白线或蓝底白线的挑花围腰，围腰顶部的中间位置用一银扣与长衫领口的扣子相扣，这样看上去围腰和长衫就完整统一了。围腰上的图案以莲花为主，兼含石榴花、桃花、金瓜、牡丹花，其间还会绣上鱼、蝴蝶、凤凰等图案以充实整个画面的内容。这一带妇女围腰的图案主要体现在腰部到领口这个区间。在腰部适当位置上还要缝上两个黑底白线或蓝底白线的挑花肚兜，以此减弱围腰下半部的单调感，同时也丰富了围腰的绣花效果，增加了围腰的实用性。

除叠溪以外，松潘县镇坪乡、镇江关等地，茂县太平乡、松坪沟乡、沟口乡、永和乡，理县蒲溪乡、木卡乡、薛城镇、通化乡、桃坪乡，汶川县雁门乡、龙溪乡、绵虒镇等地的羌族妇女围腰基本属于半襟围腰。

因松潘县的镇坪乡、镇江关毗邻茂县太平乡、松坪沟乡，这几处地方的羌族妇女的生活习惯、审美意识不免都会相互影响和相互借鉴。所以，她们的围腰在款式、针法上基本相同，而且都以白线黑底作为两大组成部分。不过从围腰的刺绣内容丰富程度仍可以区分佩戴者是哪里的羌族妇女。镇坪乡、镇江关羌族妇女的围腰上的刺绣内容最简单，多数用白线（也有用红线、黄线、绿线等）在围腰中线的位置自上而下地绣上三条线型几何图案，在下摆边缘也要绣上相似的线型几何图案。太平乡、松坪沟乡羌族妇女的围腰则喜用红色、黄色、蓝色丝绒绣制围腰，只是两地妇女在围腰的刺绣图案上有着明显的不同。太平乡羌族妇女围腰的图案是以中心的

1

2

几何图案向四周辐射构成的对称图形。同样，她们在围腰的下摆边缘也要绣上代表自己审美情趣的几何图案来丰富整个围腰的画面内容。松坪沟的羌族妇女围腰虽然也是以黑底白线作为整个围腰的材料，但其突出的地方在于，在绣法上采用了素绣加彩绣，用不同色彩的丝绒绣制；在针法上则采用了羌绣中的众多针法，在一个围腰上就会用到齐针绣、钩绣、长短参差绣、边针绣等。总体看来，太平乡、松坪沟乡的羌族女式围腰都突出了色彩艳丽，明亮耀眼的特点。

茂县沟口乡的羌族女式围腰选用天蓝色布料为底，围腰下摆的两对角用白线绣上对称的花纹图案，下摆外缘则用白线绣上宽度一致的线型几何图案。肚兜也是用天蓝色的布料为底，并在其上用白线绣上对称花纹图案或是几何图案，上下两边也用白线绣上两条宽度大致相当的几何线型图案，以此来增强肚兜画面的层次感。系围腰时还要在最外面系一条彩色的绣花腰带来加以点缀。茂县永和乡的羌族女式围腰则是黑底黑腰，下摆外缘用白线绣上几何线型图案，其两边外缘的几何线型图案不高于肚兜的下缘。下摆的两对角则用色线绣上对称花纹图案，肚兜也用色线绣上花纹图案。

理县蒲溪乡的羌族女式围腰是黑底黑腰满画的刺绣半襟围腰。多数围腰的花纹都以两部分画面构成：上半部分的图案主要用白线，兼用少量色线，绣制以中心几何图案向四周的几何图案或抽象图案辐射构成的对称图形。下半部分的图案则主要用色线，兼用少量白线，绣制云纹、几何纹、蝴蝶纹等。上下两部分相结合，就使整个围腰达到了精致、饱满、艳丽的效果。这一带的女式围腰上基本不设计肚兜，这与她们外穿对襟马甲的穿着习惯是密不可分的。理县木卡乡的羌族女式围腰有三种：一种黑底黑腰，其上用色线绣制两列对称重复连缀绣花图案，或用白线绣制两列对称重复连缀几何图案，围腰边缘则以其他色布镶边或缝制现成的花边作为辅助装点；另一种用现成的红色花布为底，蓝色花布

图1 汶川县龙溪乡阿尔村羌族女式绣花围腰
图2、图3 松潘县羌族女式绣花围腰
图4 茂县太平乡牛尾村羌族女式围腰
图5、图6、图7 茂县太平乡羌族女式围腰绣花图案

3

4

5

6

7

1

图 1 汶川县雁门乡月里村羌族女式半襟围腰

为腰，在围腰的边缘绣上重复连缀绣花图案，以此来达到一种镂空、立体的视觉效果；还有一种是黑底，用色布镶边，不刺绣的围腰。理县薛城乡、通化乡、桃坪乡一带的羌族女式围腰有两种：黑底黑腰白线绣花的，或蓝底蓝腰的素净围腰。其中黑底黑腰绣花围腰的绣花画面是由两部分构成的，即肚兜上的一副小的对称图案和围腰上的主图案。其中围腰主图案是以中心的几何图案向四周的几何图案或抽象图案辐射构成的内方外圆的图形，在主图案两旁有白线绣以类似丰收结一样的几何图案来加以点缀。也有的主画面是类似仓廪的图案，在空余部分还是会用白线绣上一些点缀性的线型几何图案或是其他类型的图案。这样的图案设计不仅代表了这一带羌族妇女的勤劳、智慧，还蕴含着她们对美好生活的渴求和向往之意。

汶川县雁门乡、龙溪乡、绵虒镇一带的羌族女式围腰都是黑底黑腰，色线绣制的花围腰。不过，也有一些彰显个性的地方值得关注。龙溪的羌族女式围腰图案大多都是用色线绣制的艳丽的牡丹花之类的花朵，肚兜上的图案画面内容与围腰的图案画面内容也要保持一致，有的肚兜甚至还预留有绣花的兜摆做点缀。雁门乡羌族女式围腰主要是满花（花卉）围腰，大肚兜上面的满花加围腰部分的满花几乎占据了整个围腰。不过，当地羌族老年妇女的围腰除了在小肚兜及大肚兜上绣上两朵对称花卉图案之外，不会再去做其余刺绣加工。此外，雁门乡和萝卜寨还偶有蓝底蓝腰的色线绣制的满花围腰。以上介绍的围腰使用者多为中青年妇女，老年妇女的围腰只在肚兜上绣花。

除了以上介绍的不同地区的羌族围腰，还有不少地方的羌族妇女是不系围腰的。羌族穿着装束呈现出多姿多彩的风格，正好自然地折射出羌族历史的悠久，服饰文化的博大精深，羌族人民追求美好生活的品质。

2

图2、图3、图4 汶川县克枯乡羌族女式围腰及其细节

3

4

1

图1、图2 现代式样的茂县叠溪镇羌族青年女子围腰

飘带、腰带、围裙三位一体，方便使用。传统的围腰三者是分开的，而且腰带多为黑色和蓝色等素色，鲜有花腰带。图中围腰上的图案是蝴蝶和牡丹。

图3、图4、图5、图6 汶川县龙溪乡阿尔村女式围腰及其细节

绣法为满绣，羌族女子将心中所想、眼中所见都化为了手中的羌绣。

后页图 茂县渭门乡羌族女式围腰

2

3

4

5

6

1

图1 茂县永和乡、渭门乡一带羌族女式围腰

2

图2 在蓝色的围腰上，用白线绣有各种图案

1

图1、图2、图3 茂县渭门乡羌族女式围腰，裙角图案为羊角花、云朵和石榴花

2

3

左页图 围腰上的葵花图案
本页图 茂县永和乡羌族女式围腰

1

2

图1、图2 茂县叠溪镇较场村、排山营村羌族女式挑花满襟围腰
围腰底色以蓝、黑为主，用白线挑花而成。
右页图 围腰上的花纹针脚细密，展示了羌族女子精湛的绣工

1

2

图1、图2 茂县叠溪镇女式围腰
腰带两端用彩线绣有桃花、羊角花等图案，给黑底白线的素色围腰增添了一分活力。
右页图 羌族妇女喜爱在衣衫领口的盘扣上悬挂一块小银饰作为装饰

1

2

图1、图2 云朵图案的理县蒲溪乡大蒲溪村羌族女式背带，用于背小孩
图3、图4 汶川县雁门乡月里村羌族女式围腰及绣花图案
绣法为彩色挑花十字绣，腰带色彩鲜艳，也不再是纯黑或纯白色。

3

4

1

2

图1 茂县太平乡杨柳村一带的羌族女式挑花围腰
沿用传统的样式，图案亦为传统的纹样。心灵手巧的羌族女子不用将图案画在围腰上，仅在布面上标出几个点，就能勾出美丽的、细致的图案。
图2 茂县太平乡牛尾村羌族女式围腰，腰带多为白色
后页图 各式羌族妇女围腰

腰带、飘带、通带

穿长衫的羌族人，无论男女，各色腰带是不可免的。古代羌民似乎都有宽厚突出的“大羊尾”似的腰带，其作用不仅在于表现图腾象征，还可使长衫紧贴于身，冬日可保暖，平昔也便于劳作，如在背水和背重物时搁置背篼底亦有大用。如今，腰带除上述作用外，尚有装饰作用，无论腰带是黑色还是红色，都给人一种醒目的感觉。在赶集及过年时，再在身后腰带打结处，即两根腰带尾中间加两条精心绣制的飘带，颇为好看。尤其在跳舞时，彩带及随身配饰的针线包、口弦之类饰品，更可增加舞姿的摇曳。而曲谷一带婚庆上的“萨朗舞”，舞蹈者将装饰有众多银饰品的腰带佩戴在腰部的两侧，左右甩动时，能增添不少赏心悦目的音响，也为舞姿增色。

腰带为羌服必需之物，可使长衫紧贴于身，冬日可保暖，而平昔也便于劳作。羌族平常所用的腰带长约3.3米（一丈），两头有穗，平日佩戴时一般在腰上缠两圈，打结于身后。传统机织的麻、毛腰带两端有数根编织的穗，穗端或缠彩线，或有薄银饰品，当身体晃动时，飘逸的腰带似彩云飘舞，甚为壮观。逢年过节佩戴时，还要在二根带尾间，加上一两条机织或手绣的飘带。但在小姓沟或赤不苏等地，因腰带宽大，反复缠绕在腰间，留尾于后，加之此腰带本身就为机织花带，故不再另加飘带。

飘带长约80厘米，宽6至7厘米，分为两层，均有机织花，多数是几何图案，或万字、囍字等图案。多以白色为底，加上红色或黑色线织成。织带使用的工具就是在西南民族中自古相传、广泛流行的腰机——其结构为前面立一木柱挂线，人踞坐丈余外，将木柱上的线固定于腰上，然后边织边退，故俗称“腰机”。腰机所织毪子或麻布，幅宽可达尺余，适于拼合衣裙。大约从手工纺线的纺轮出现后不久，腰机就已存在，应已有数千年的历史了。

飘带亦有手绣的，有用挑花绣绣出团花纹及其他形状图案的，也有以纳纱绣绣出各类几何图案的。

通带的功能既非为拴紧长衫，也不是单纯增加服饰的色彩，而主要是为装钱装物而产生的。其作用犹如腰包，但更隐秘而不易被盗窃，一般为出远门的人所用。通带长约1.5米（二尺多），中空，两头端处渐大，带头绣有两方圆花图案，而后将两角折拢缝上，状如马耳。将钱、物等小件放入其中后拴在腰间，方便实用。通带多用黄、红色，十分醒目。

本页图 汶川县龙溪乡羌族女式腰带

绣法为挑花十字绣，图案有羌绣中常见的八瓣花、桃花，也有八瓣花变形为方、圆等形状的图案，并用现代的材料进行表现。

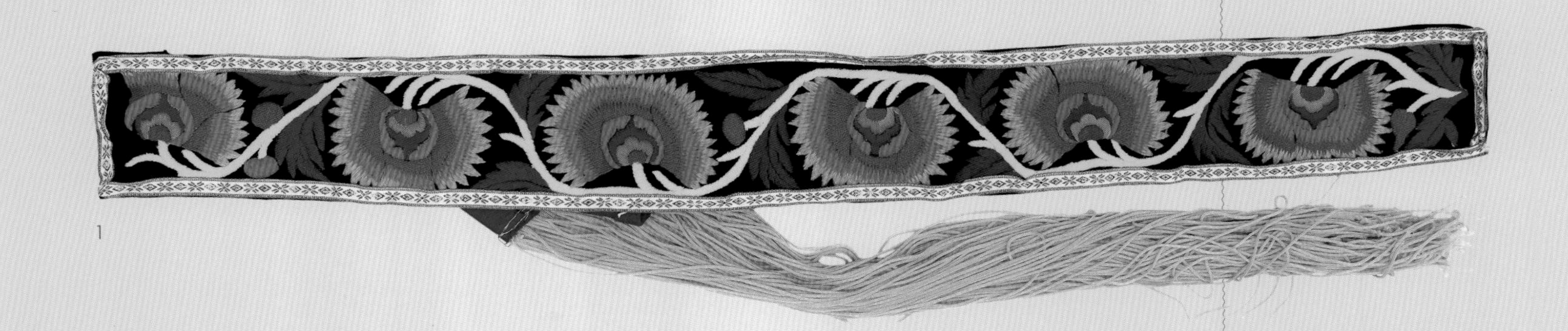

1

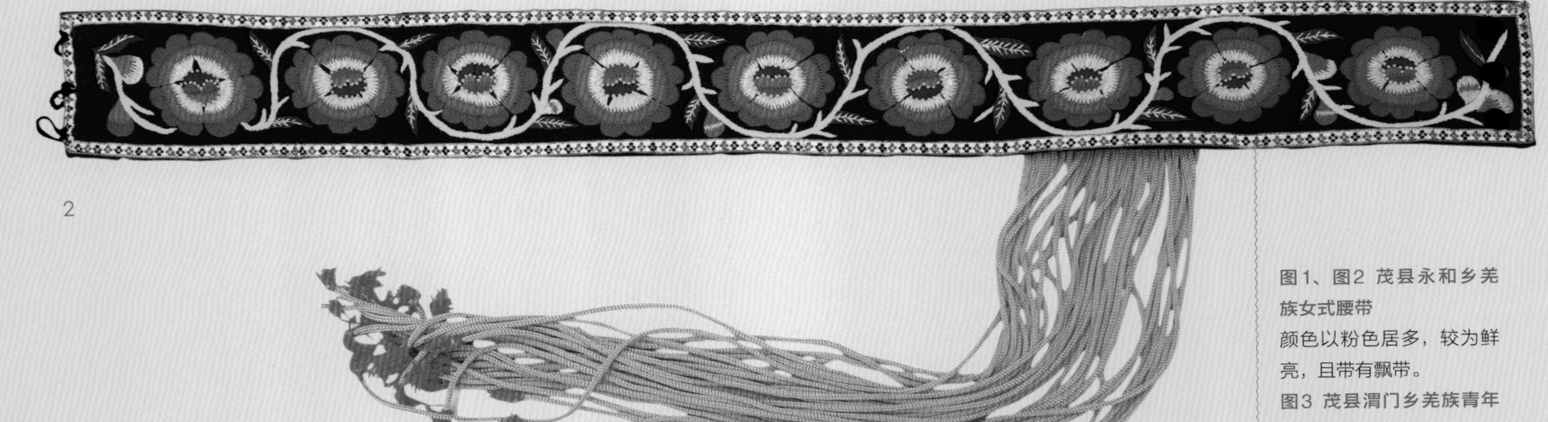

2

图1、图2 茂县永和乡羌族女式腰带
颜色以粉色居多，较为鲜亮，且带有飘带。
图3 茂县渭门乡羌族青年妇女腰带
腰带两端的花边和流苏格外精美。

3

4

图4 茂县三龙乡羌族女式腰带
白色和黄色的垂带象征“羊尾”，反映出羌人对羊的崇拜。羊毛制的腰带都要染成黑色。腰带上挂的飘带，多用彩线缠绕，过去还有银饰装饰在腰带上。羌族妇女大胆地将各种颜色的图案拼在一块布上，又称为“别花”。
后页图 各式羌族腰带

云云鞋与绣花鞋

云云鞋是羌族男性常穿的鞋子，是历史发展的产物。

游牧时期，羌人多穿皮靴。进入农耕社会后，皮靴逐渐消失，最初"穿用山核桃树皮或杨柳树皮、玉米壳、棕等韧性植物制成的草鞋"（王清贵:《北川羌族史略》)，由于做草鞋是一种并不轻松的劳动，故多由男人完成。自有布后，改制布鞋。因腰机所织毪子不能横剪，否则容易散架，为坚固起见，布鞋前部、后部均另缝上一块皮子或布壳。为了好看，后部缝上的皮子或布壳，被剪成云状；而前部容易踢破的鞋尖，则做成上翘如小船般的形状。这种形如小船，鞋尖微翘，鞋底较厚，鞋面和鞋帮绣有云纹和羊头纹的绣花鞋，便是羌族的"云云鞋"，又称"尖尖鞋""花鞋""尖勾布鞋"等，茂县曲谷一带羌语为"抓哈兰巴"。

云云鞋之所以名闻羌中，主要是源于美丽动人的神话故事。传说有一个牧羊少年，因交不起青稞，父母被寨主打死。他衣服破了没人补，鞋子烂了没人做，每天赤脚亮膊放牧于羌寨大羊山和山腰的小海子(湖潭)之间。湖边生长有一片羊角花，春夏之际十分迷人。一次他赶着羊群去湖边饮水，看见一条大鲤鱼游到湖边吃从羊角枝上掉落的花瓣。牧羊少年想把大鲤鱼钓起来，就从寨主二小姐房间的针筒里偷出一根绣花针做成鱼钩。第二天，他刚坠下鱼饵，鲤鱼就上了钩。鲤鱼被少年拖到湖岸，立刻变成一位年轻美丽的姑娘，并对少年说："阿哥，别怕，我是为了您才离开水晶宫、离开父亲，到人世间做一个自由善良的凡人来的。"说完，鲤鱼姑娘撕下一片云块，摘了一束羊角花，给少年做了一双漂亮的云云鞋。就这样，牧羊少年与鲤鱼姑娘结成一对幸福美满的夫妻。云云鞋也成了羌族妇女勤劳、勇敢、善良、聪慧的最佳佐证，因而成为传统的、不可或缺的订婚之物。因为绣鞋还是一种定情物，羌女把自己精湛的绣工，以及对未来生活的向往，对情人的深情，一并注入其间。《北川羌族史略》中说："年节期间，小伙子在到女方家去拜年送节时，要穿上状似小船、鞋尖上翘、鞋帮上绣有各色云彩式图案的云云鞋。"

云云鞋以"补绣"的方式，在鞋上贴缝云朵图案，当然是寄托了行走如飞之类的美好愿望。云云鞋鞋尖微翘，相传这样的鞋尖有驱妖辟邪之效。当你脚穿云云鞋行走时，路上的一切妖邪见到这种带尖的花鞋，就会误认为是来捉拿自己的神仙，便逃之夭夭，敬而远之。

随着时代的发展，云云鞋的绣工也越见精致，有布制、镶皮及全皮制等。大朵的羊角花等也渐渐爬满鞋面，形成多种满绣的样式。在羌寨，如见小伙子手提云云鞋，赤脚走在泥泞地或乱石小道上，甚至丛林雪地上，便知他是心疼漂亮而且制作艰辛的鞋子。做工精湛的云云鞋，除了上述装饰，在鞋上还绑有一圈绣花的镶边，脚尖还起一道梁，形似鼻梁，因此得名"鼻梁鞋"。这种鞋不但美观而且结实。全皮的鞋自然更珍贵，一般以黑皮为底，镶缝白色的图案，花式虽比手绣的简单，但针针线线仍饱含羌女之情。

羌族女子穿的鞋一般称为绣花鞋，鞋的外形和男子所穿的云云鞋差不多，鞋子的前面也有突出如鼻梁的部分，不同之处在于鞋子上面的图案不是云朵图案。最古老的女式鞋的图案是从獾这种动物演变而来，到如今已演变成各种动物和花草的图案，色彩丰富、生动活泼、意趣盎然。

随着社会的发展进步，皮鞋自然也出现了。为了显示羌族的特色，往往在全黑或全红的皮鞋上满满镶贴着各类图案：金色卷云交织花朵，或带卷角的羊头交织传统的女式鞋花样。绣有多色花卉的高跟鞋也频频出现，丰富了羌族女性的鞋子款式，这既是时代审美的需要，也是传统与现代的完美结合。

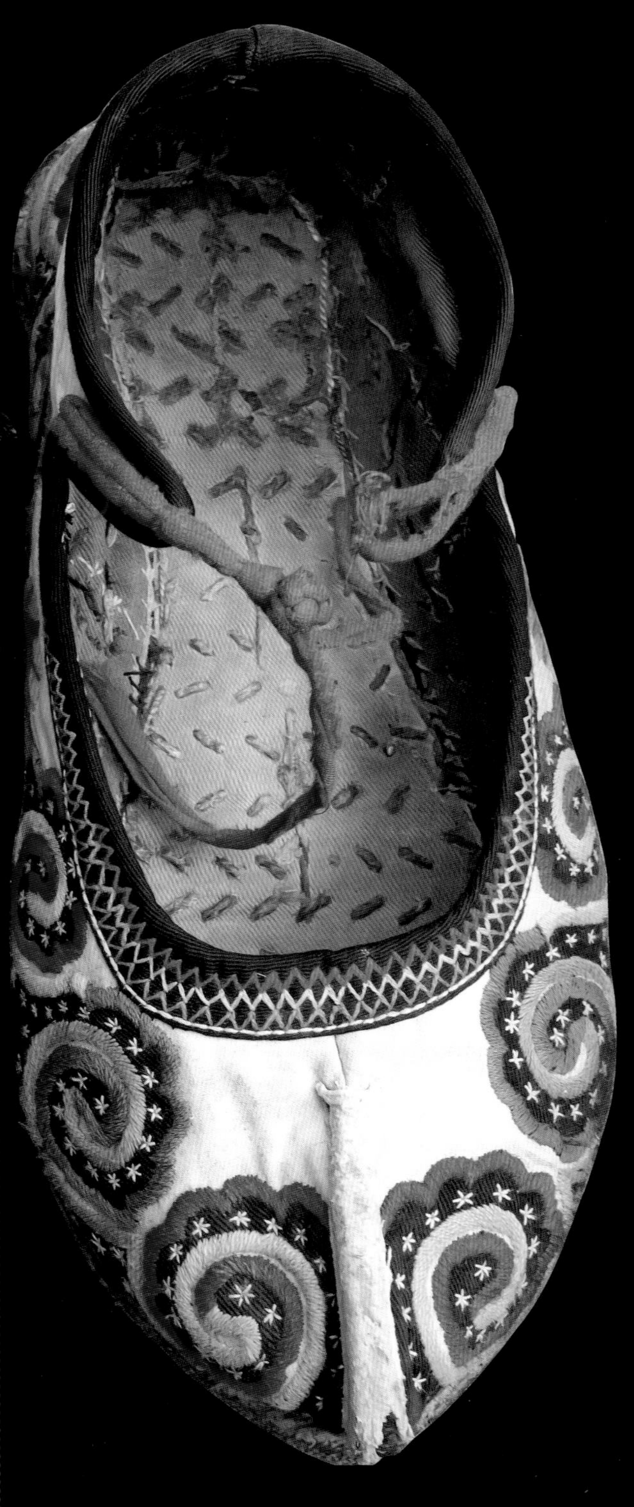

本页图 羌族云云鞋

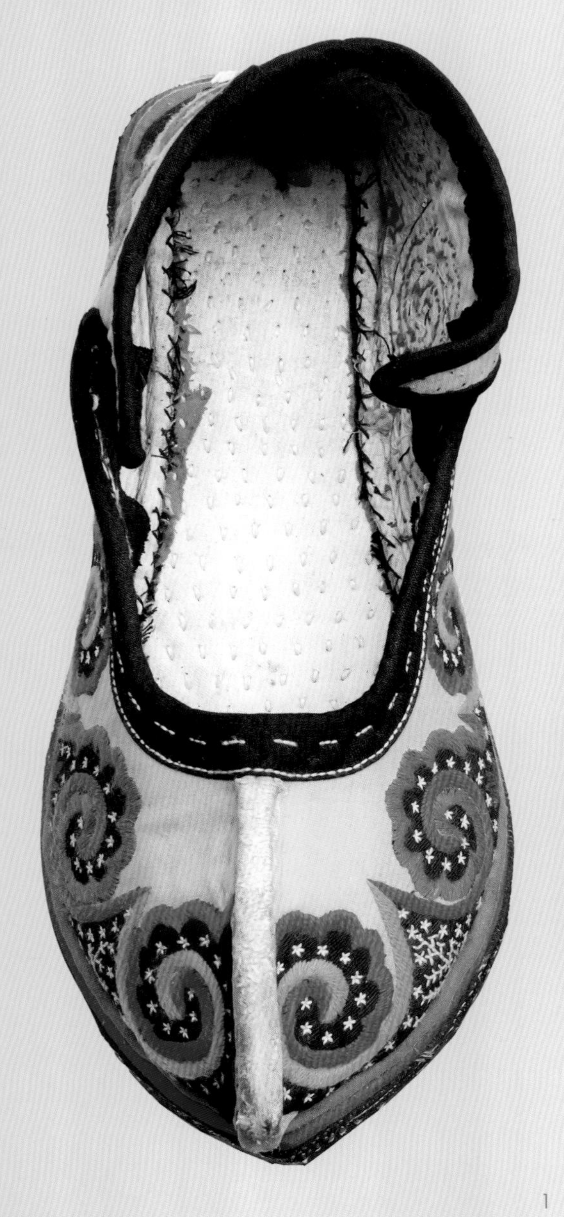

1

图1、图2、图3、图4 羌族云云鞋

鞋面绣有云朵图案。旧时鞋面的云朵图案常用獐皮缝制，用兽皮绲边，三针为一组进行缝制，现用白布替代。

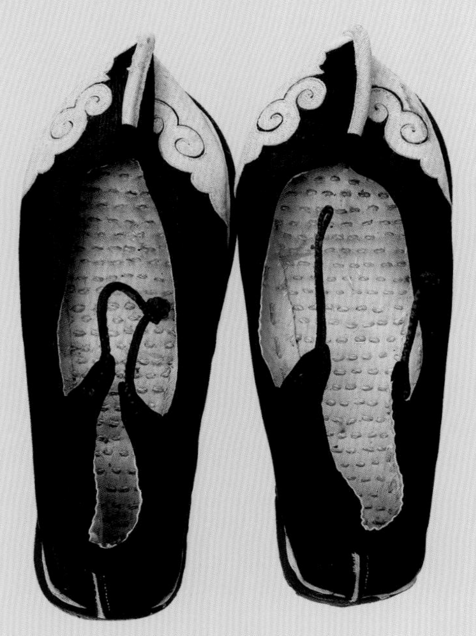

2

3

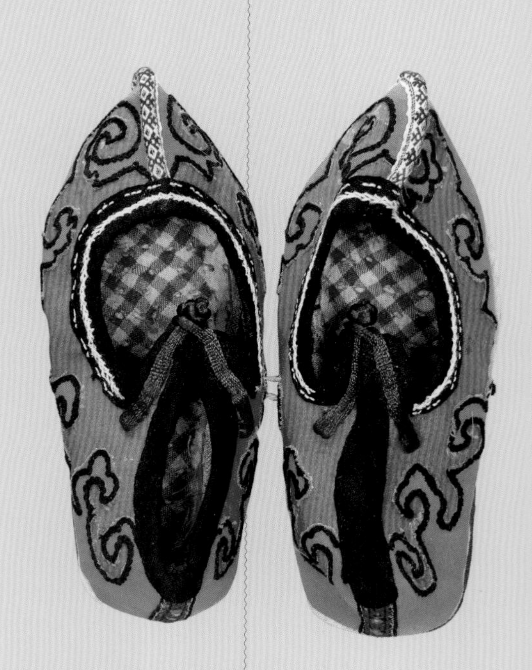

4

5

6

7

8

图5、图6、图7、图8 羌族绣花鞋
鞋面图案多为花朵、蝴蝶等，颜色鲜艳。

1

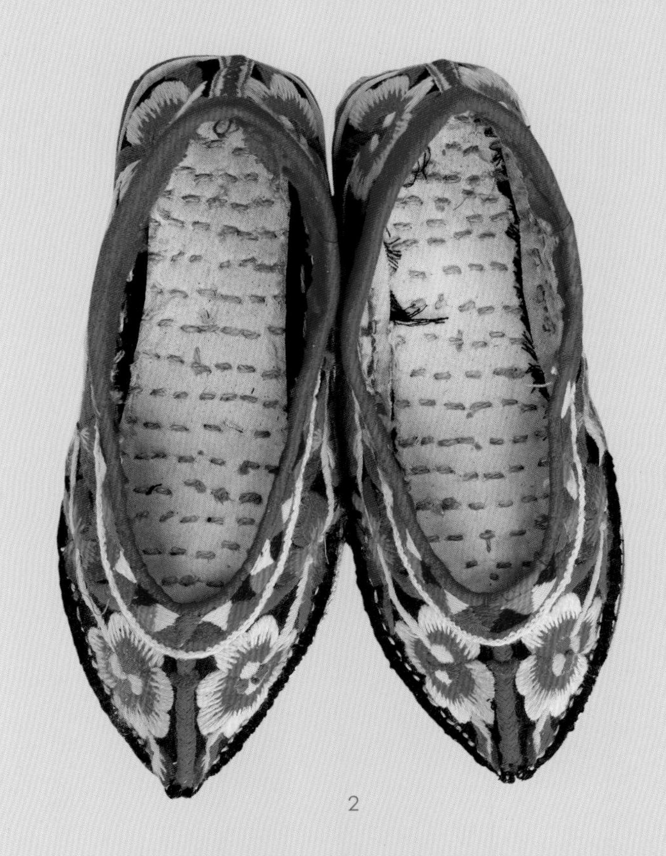

2

3

图1 羌族绣花鞋

图2 羌族云云鞋

图3 汶川县龙溪乡阿尔村羌族妇女绣的鞋垫

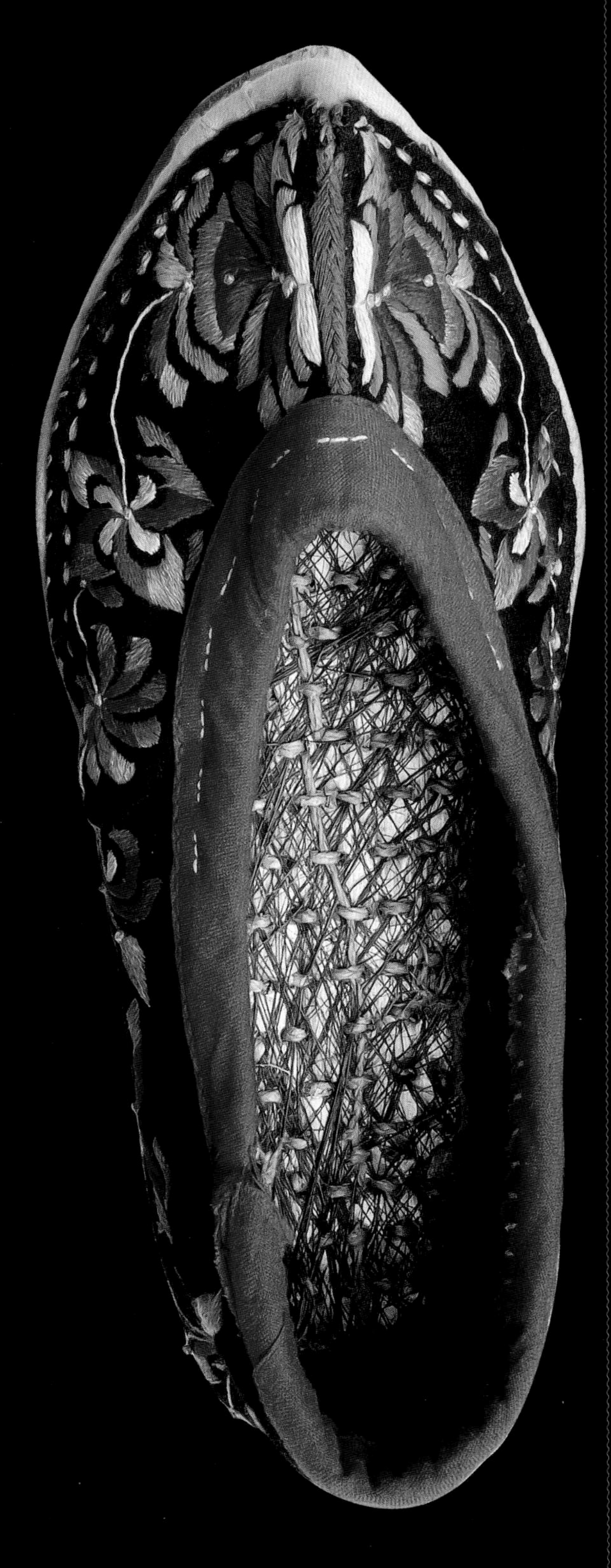
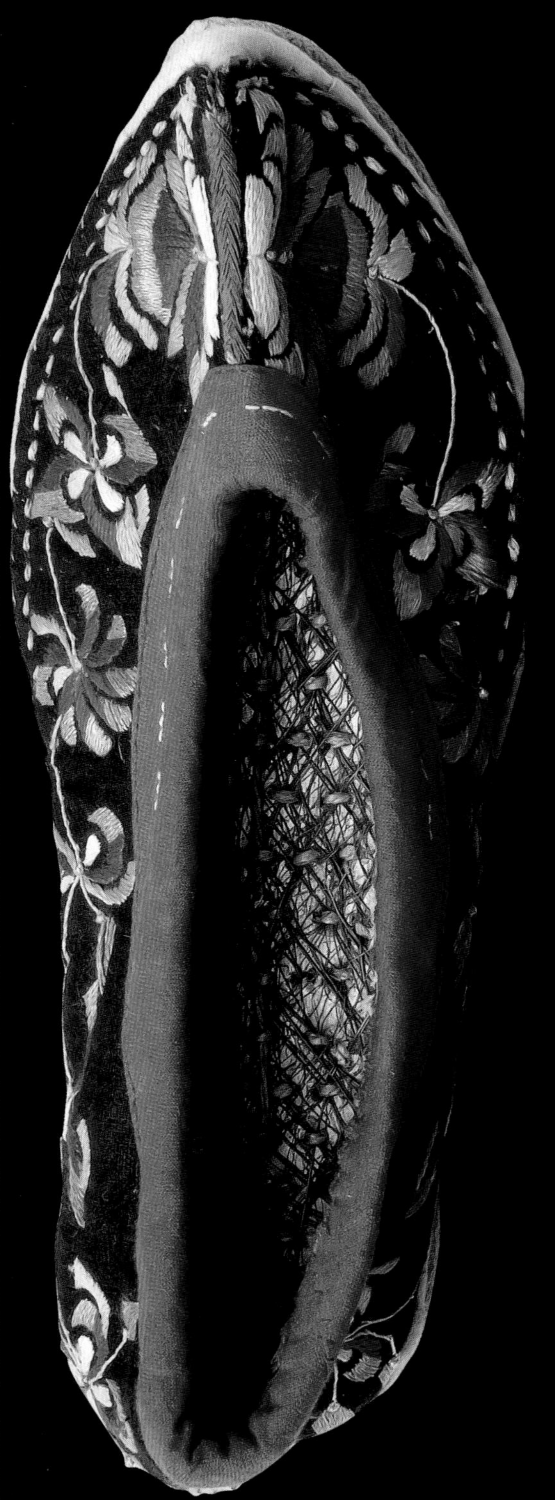

4

图4 羌族云云鞋

绑腿

绑腿是羌族先民从游牧文明到农耕文明过渡的遗留产物。《汉书·匈奴传》记载:“自君王以下咸食畜肉，衣其皮革，被旃裘。”绑腿显然是由游牧民族服饰演化而来的。

绑腿对生计方式改为农耕为主的羌民而言是极其重要的。绑腿因实用性而产生，在长途跋涉中，绑腿能令人更矫健地行走而不致小腿充血肿胀。所以，直至近代，陆军士兵均无一例外要打绑腿。山区农民为便于在林间草丛行走，不被灌木荆条挂住，同时防虫蛇咬伤，更爱打绑腿。冬季大雪时，厚厚的毡子裹在腿上，连脚也裹住，深雪浸不透，野兽咬不穿，是冬季进山打猎的羌族男子们必不可少的装备。

羌族的绑腿分两类：一类是用青色或者白色的麻布制成的；另一类则是用羊毛制成的。由于白麻布绑腿透气性好，一般在炎热的夏季使用；因羊毛绑腿具有较好的保暖性，则多在秋冬季使用。

羌族妇女也用绑腿，但多由布或薄毡子制成，大多只在两头用带子扎上，便于田间劳作或行走。渭门地区有一种红色绑腿，本只供小姑娘专用，作为羌族中唯一用绑腿颜色来区别未婚妇女的标志。但现在小女孩多进学校或外出打工，少有机会穿戴羌族服饰，于是中年妇女也开始用红绑腿了。

右页图 茂县太平乡杨柳村羌族男式绑腿
绑腿上绣有彩虹图案，羌族男子都有系绑腿的习俗，但其样式各个地区因气候的原因和颜色的搭配习惯不同而有所不同。

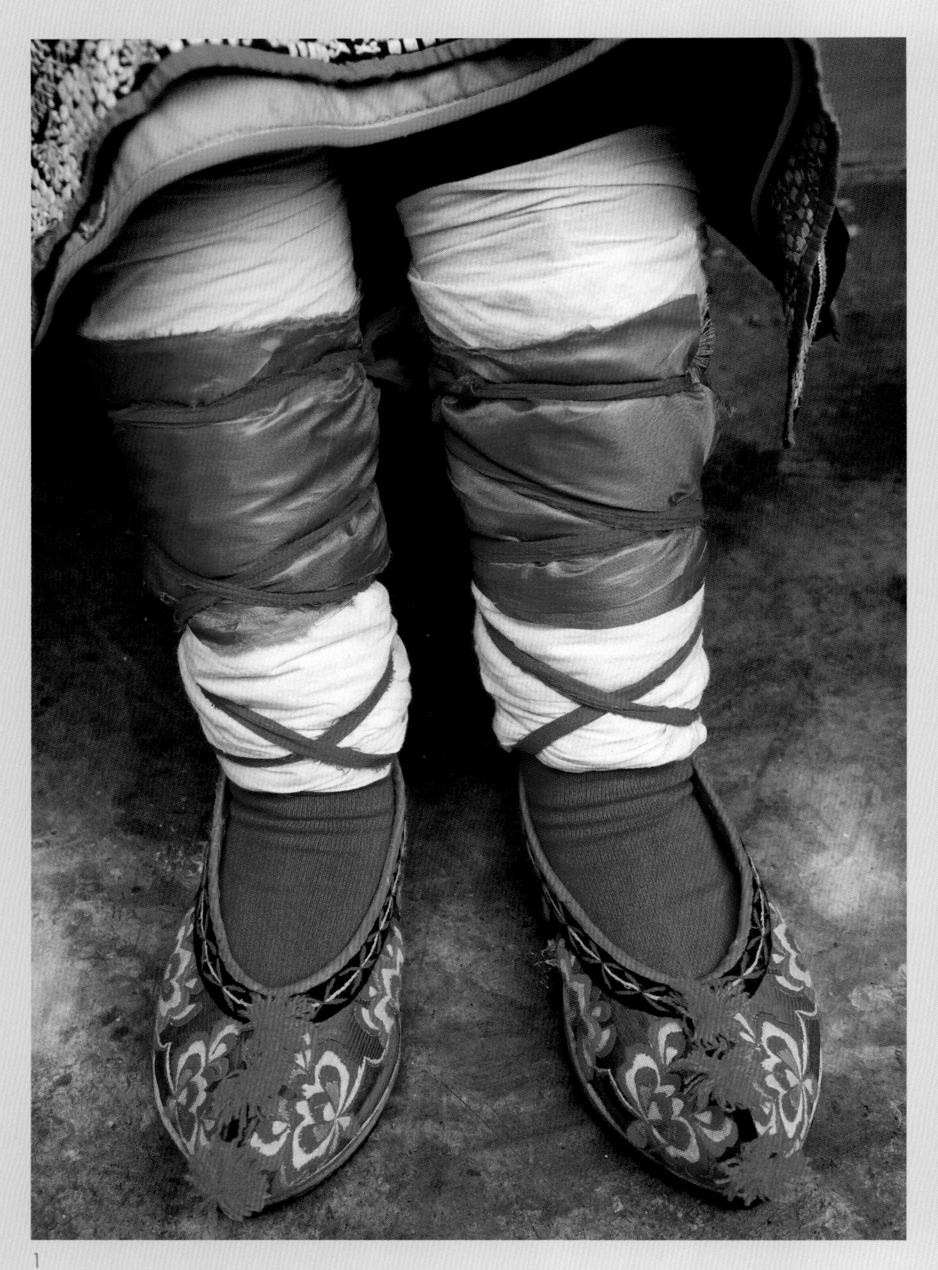
1

2

3

4

6

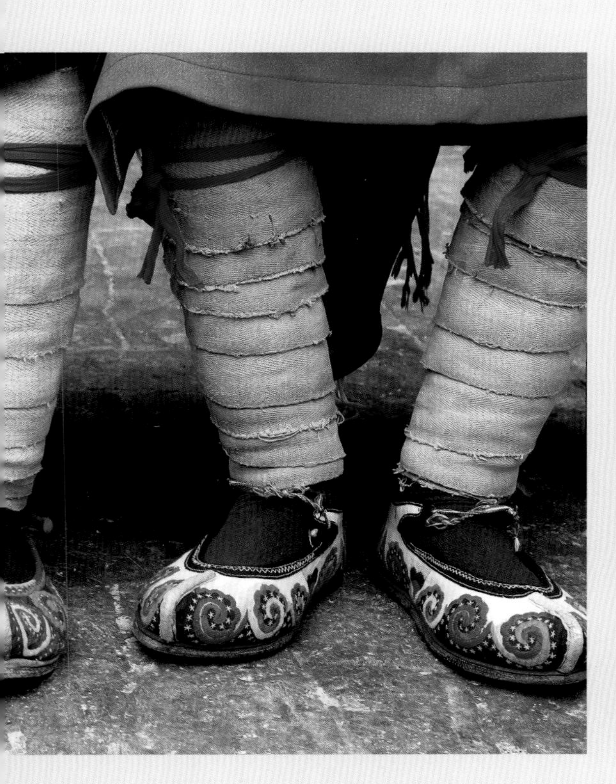

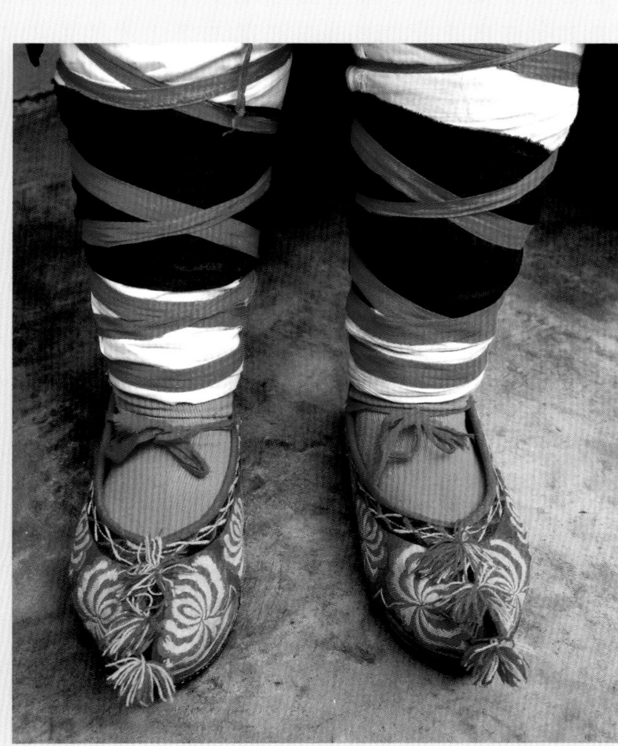

7

图1 理县蒲溪乡羌族女式绑腿
女式绑腿主体为白布，在外面罩了一层蓝布后用红色的带子捆扎，颜色鲜艳，既好看，又保暖。
图2 松潘县小姓沟一带羌族男式羊毛绑腿
图3、图4 汶川县龙溪乡羌族男式麻布绑腿
图5 理县蒲溪乡羌族男式绑腿
图6 茂县永和乡羌族女式绑腿
图7 理县蒲溪乡羌族女式绑腿

右页图 茂县三龙乡羌族童帽
羌族小孩的童帽，帽上有两撮羽毛，被称为“两个头”，因帽子整体形状如猫，所以名为猫猫帽。旧时童帽有兔头、猪头等样式，帽子上绣有猴子，装饰有铃铛、飘带。

童装与童帽

儿童对于每个民族来说，就是对未来的寄托，对生命的礼赞。羌族小孩诞生后，释比前来诵经祝福；家族长辈或父亲要向四方射箭，以示男儿志在四方；亲朋好友送来毛铁，以备小孩成长后打腰刀；母亲及亲友女眷，都会为婴儿赶制衣帽。

小孩服装的款式与成人服装基本相同，只有尺寸大小的差异。不过花纹图案出自不同的人，就会有不同的风格。小孩的服装按不同的季节（主要是冬夏两季）在制作时有所区别。

婴幼儿的服装可以说是羌族服饰中的又一独特类别。仅从帽子来说，就有两款引人注目的帽子。一款是“猫猫帽”，主要面料是黑色的缎子，内衬为棉布，中间夹棉花。帽子的前端做成猫的面部，特别是猫的鼻子和眼睛的制作工艺确实让人叫绝，活灵活现。帽子两端还配有三撮白色的绒羽作点缀，猫的耳朵则是两个绣有精彩图案的圆形布制耳朵，缝在帽子的两边；猫的两条前腿在剪裁时就与整个帽子的剪裁连在一起，用作耳罩和帽子的扣带；而帽子的后半部分则是猫的身体，最尾端有点像鸽子翘起的尾羽。另一种帽子，像古代统领百万大军的将军帽，帽子从最前端到耳朵两边的帽檐上有一片山形装饰。正面绣有抽象图像花纹的帽牌，是这种帽子最为显眼的标志，而这款帽子的尾端与“猫猫帽”的尾端相比不很夸张，更像是古代征战沙场将士身上的披风。除此之外，这款帽子还有一个有意思的地方，就是背面有两个用黄红两色棉布裹成的小人。这两个小人背靠背紧紧地连在一起，一左一右地缝在帽子后面的中轴线上。在两个小人身后左右两侧各有两条宽约3厘米、长约40厘米的飘带，飘带末端用彩色丝线带系着小铜铃，一来可增加飘带的末端重量，防止随风乱舞，二来增添帽子的美学元素和活力。在这款帽子上缀上两个小人，是体现羌民的尚武精神，还是融入了其他的深刻文化内涵，已无从考证。

除了以上两款独特的帽子，婴幼儿的帽子的种类和款式还有很多，在此不再一一讲述。不管哪款童帽，上面都有精美的图案和花纹，每顶童帽都不失为一件工艺美术作品。

婴幼儿服装的重点，除头上的帽子之外，还有围腰（包括胸前的和臀后的两种）和童鞋。胸前围腰的主要形式是白底绣花的棉布，绣花的内容包罗万象，花鸟虫鱼，草木山石，应有尽有，而臀后的围腰一般都以黑布为底，再镶上大约33厘米（一尺）见方的绣品，并在围腰的中间夹上厚厚一层棉花。这种围腰可以使婴幼儿在地上爬行玩耍时屁股不易着凉，或被石子之类的硬物顶伤。

童鞋有多种，大多数仿照动物的形态制成，譬如猫猫鞋、老虎鞋、小狗鞋等，这类鞋上基本不会绣花，只追求把鞋尽量做得逼真传神。而其他童鞋则是绣花鞋，款式与花色图纹与成人的鞋没有多大的区别。为了保护婴幼儿的足底不受伤害，不论哪款童鞋，无一例外都要在鞋的四周填充上棉花，并使用多层棉布做成鞋底。

1

2

3

4

图1 茂县三龙乡羌族童帽
帽子上有银花装饰。过去，羌寨的有钱人会在孩子的帽子上镶嵌8个银质怪兽，以驱邪避害，现在多采用山羊毛或者野兽皮毛装饰童帽。还有人在童帽上绣小孩，意为“娃娃背娃娃”。
图2 茂县三龙乡羌族童帽
图3、图4、图5 茂县黑虎乡童帽
其样式为典型的羌族童帽样式，稍稍下拉后可以遮住小孩的耳朵和额头，非常保暖。

1

图1、图2 茂县曲谷乡河西村羌族女童头饰
这两名女童的头帕与成人女性的头帕相比，虽然装饰较少，但样式相差无几。

1

2

3

图1 理县蒲溪乡休溪村羌族女童服饰
图2 茂县永和乡羌族童装
图3 汶川县龙溪乡阿尔村羌族女童服饰
图4 理县蒲溪乡休溪村羌族男童服饰
图5 理县蒲溪乡休溪村羌族女童服饰

4

5

羌族服饰与人生礼仪

婚服

婚礼是人生经历中重要的一环，因关系到部落的延续，是人类最重要的“再生产”活动。

传统的羌族婚礼，其新娘的服装是由娘家置办的，且由新娘自己缝制。在汶川县龙溪乡阿尔村一带，新娘过门当天，头包黑色土布包头，身穿大红色右开襟的长衫，斜襟为蓝色，上绣彩色丝线花边，长衫下摆长至小腿部位，由纽扣扣至腰间。新娘在到新郎家之前脚是不能沾地的，或坐轿子，或由兄弟背负而行，到了新郎家后，方可换“下轿鞋”。在婚后的前几天，新娘几乎每天换一套不同的衣服，或系粉红色腰带，或系红绸绲黑边的素面围腰，用以展示新娘精湛的绣工。新娘在回门当天，一般身着天青蓝布衫，绑红色绑腿，并穿最鲜艳的新制绣花鞋。

新郎的衣物大都由他的母亲或者姐姐制作，一般要戴新的黑毡帽或缠黑头帕，身穿黑长衫，腰系红色腰带，并佩银刀、鼓肚作为装饰。除此之外，新郎还会在腿上绑黑色绑腿，并穿上羌族特有的云云鞋。在婚礼上，对客人的服饰无特殊要求，而新郎新娘的“老庚”（伴郎伴娘）都会穿上羌族的民族服装，除颜色外，两者区别不大。

羌族婚礼中的“送亲”和“迎亲”都格外隆重。女方的娘舅在婚庆中最受尊重，婚礼当天，着婚装的新郎、新娘由舅舅向身上挂红，即在身上堆挂若干红绸带。羌族婚礼送亲队伍的顺序很有讲究。其中的重要特色是：送亲队伍最前面是一个怀抱太阳馍馍的童子。此馍有多层意思：一是崇拜太阳神，祈求幸福；二是象征一对新人圆圆满满。太阳馍上挂有一道红，表示吉祥；馍上挂有龟壳，表示辟邪和夫妻恩爱百年。童子后面是身挂一根羌红的主要伴娘，其余伴娘不挂红，每人手中拿一条彩巾，新娘在中间手持一把伞。从远处看去，十几个身着绚丽多彩的婚礼服的姑娘们一路走去，恰似一道彩虹，把男家和女家连接起来。新娘和伴娘们后面跟着各种陪嫁以夸示邻里。之后是鼓乐队和礼炮队。最后是女方的亲戚，习惯上称“正客”。送亲路上有各种仪式和禁忌，迎亲仪式也隆重繁杂，整个婚礼仪式长达3至5天。这当是很古老的习俗，并由岷山间传递至远方，这也是华夏族“结婚”的来历。现代，在汉藏语系藏缅语族一些支系中，仍保有这种习俗。这一切，都显示了以羊为总图腾的氏羌各族对图腾的崇仰。

此外，羌族婚礼中还有踩碗、请释比作法等习俗。特别是新郎新娘撩起围腰，去接亲戚朋友撒来的花生、红枣、米、麦、青稞等，是受福的象征，有“撩众人之福以自喜”的意思。

右页图 传统婚礼上的羌族新人
羌族新郎身上斜肩披挂着一条羌带子，又叫针线荷包，里面可以装针线，还可以系在腰上。新郎的袖口绣有大盘花，服饰上的图案为云朵纹和回字纹。

1

图1 羌族新郎新娘向长辈敬酒
新娘的帽子与羌族儿童的猫猫帽有相似之处。
图2 羌族送亲花轿
图3 新娘由兄弟背着前往夫家
羌族尚红，婚礼中更不能缺少红色。不仅送亲队首需以一挂红色的太阳馍馍开道，图中右方还可以看到送亲队伍中的嫁妆箱上也覆盖着红帛。

2

3

4

图4 唱敬酒歌
图5 新郎在人群中分发吉祥红包
图6 吹送亲调
后页图 羌族新娘和伴娘的盛装

5

6

美

丧服

羌族葬俗本为火葬，《吕氏春秋》中有“氐羌之民，不忧其系累，而忧其死不焚也”的记载。著名诗人、学者闻一多分析认为，不火葬就不能让灵魂回到先祖的图腾世界里去（《闻一多全集·神仙考》），所以，对于羌民而言，火葬不仅是习俗，而且也是神圣的信仰。

近现代羌民因早已定居农耕，故学习汉人“入土为安”习俗，实行棺木土葬。但羌人多进行二次葬式，即在行火葬后再土葬，说明他们依旧保留了对火神的古老信仰。其中，有的部落是将死者捆在木龛内，有的则是用棺木送至火葬地，在火葬地再由孝子劈棺以防爆裂，尔后火葬。丧礼中最重要的环节是“接娘舅”，那是女娲氏母权流传至当下的最后一抹余晖。正如羌族民俗谚语所云：“天底下皇帝最大，皇帝之下是娘舅（最大）。”如有人死亡，直到娘舅来到或首肯，死者才能下葬。

现代羌族村寨虽多已是地缘部落或村寨，但寨中大半是竹根亲。所以一家之丧即是一寨之丧，举寨皆自动参与。

主丧之人，穿传统白麻布衫，而直系孝子、孝女及至亲之人，皆穿全麻布的孝服，而且不缝边，还戴长孝帕，这即是《仪礼·丧服》中说的“斩衰裳”，是丧礼五服中最隆重的丧服。凡寨中之人，或来奔丧的人，如今多半只在原包帕之上，再加缠一段白布即可。上年纪的或照旧俗，将白孝布缠留两支向上突起的角，或于原“一匹瓦”上加一叠白布。参加丧礼的亲友多在丧礼结束后，即脱去孝服，或仅留存一条白孝帕，基本都不按旧俗长久戴孝，只有孝子需要再穿三年孝服。

1

图1 理县蒲溪乡休溪村羌族丧事场景

孝子、孝妇等逝者至亲之人均身着孝服。

图2 头系白色孝帕的羌族羊皮鼓舞者为死者引路

图3 理县蒲溪乡休溪村的释比主持丧礼，其动作表示在为死者开关地府之门

图4 羌族村寨如一家有丧，全寨村民都会自发参与

图5 死者的棺木被众人双手高高地抬至头顶

在羌族的丧葬习俗中，死者的棺木被抬得很高，表示此人在村民中德高望重，或者生前做过很多善事，在寨子中有较高的地位。逝者年龄在60岁以上的丧事，当地人称为喜丧。

图6 火葬

羌人中流传一句话：“羌人天不怕地不怕，就怕死了不火葬。”

3

4

2

5

6

释比服装

右页图 茂县黑虎乡的释比
释比头戴法冠，身穿羊毛长衫、羊皮褂，手拿羊皮鼓。

各地羌族原始宗教的释比，都是“沟通人神的使者”，不脱产，能结婚生子，且多父子相传，亦有师徒相传，羌人称之为“释比”。

羌族传说中，释比的开山鼻祖是木纳，他是天神木比塔家的祭司，其法力无比高强，上天可驾驭一切飞禽，下地可降服一切凶猛野兽和妖魔鬼怪。此外，木纳还擅长占卜，能算天下大事、人间祸福。后因天神三公主木姐珠下配羌人斗安珠，天神为保证公主在凡间安居乐业，特派祭司木纳陪公主下凡，帮助人间祛灾解厄、驱疫逐魔，同时也可维系天规礼仪，使人间行为有序。木纳奉命来到人间，充分施展其法力神术，确保羌寨的繁荣与兴旺。由此，木纳也就成了释比祖师。释比是古代羌民中掌握知识的人，是历史文化的重要传承人。尤其因为羌族没有文字记载历史，全凭释比口头说唱，更是不可或缺。

根据《羌族词典》的记载，释比“传统的服装为身着麻布衣衫，大领，博袖，外套对襟坎肩，上以黄、白、黑三色点缀，有三排扣；下穿齐脚白布裙，裹白绑腿。黄、白、黑象征高贵、庄重；白裙白绑腿象征作为神的代言人所具有的神的色彩符号。”羌族释比的服饰，应该是自古以来在各类服饰中改变最小的。因羌区地域广阔，不同的地方释比的服饰特点也不尽相同。如理县增头寨释比的服装颜色比较单一，长衫多为黑色，外穿羊皮褂；理县蒲溪乡休溪寨的释比服饰颜色则比较鲜艳：绣有白色如意纹样的领口，纯黄色对襟长衫，黑色羊毛绑腿上交叉捆绑的红色布条等，都体现了地域特色。

释比服饰上的特征，大都与信仰和历史有关。首先要提到的是释比头上的法冠。此冠大致分为两种，一种是“山形冠”另一种是金丝猴皮帽。

所谓“山形冠”由五片山尖形牛皮组成，戴在头上，正面只能看见三片，如山字。这是自远古时期的大山崇拜而来的。在严酷的高原上，人类与一切生灵在大自然面前，都显得特别渺小。自然灾害如冰雹、洪水等都可轻易地杀死人畜，只有高耸云天的大山才能巍然耸立。于是人类便对巨大的山体产生了景仰与崇拜，将其视作部落的先祖及保护神。当然，国外也有人类学家认为大山崇拜是由于大山像母乳或像男根。

无论由来如何，羌人具有大山崇拜是毋庸置疑的。比如阿尼玛卿就是河曲地方的一座大山，而羌人正是在其附近的草原上兴起的，也即古代被称为“析支”的河曲羌。在氐羌语中，“阿尼”是爷爷之意，阿尼玛卿即是玛卿爷爷之意，说明古代羌人将这座大山视作先祖。岷山中的羌人总神山九顶山，也就是岷山诸羌的大宗神。羌人不论迁到哪里安寨，都会在附近选取一独特的山作为寨中的神山。山神是非人格化的，山上的草木山石皆是神的身体或发肤，

1

2

故凡羌寨中多有一棵神树或一片神林。人们来到岷山间，若远远望见一寨中有一株或几株郁郁葱葱的古柏，大抵可判断其为羌寨。

释比的山形冠由来已久，凡氐羌系民族都崇拜山，氐羌系的释比大多亦戴此冠。四川省博物馆研究员王家佑、李复华等早在20世纪70年代，就发现巴蜀铜器上有这类戴山形冠的形象。他们认为这即是王与大巫合一的形象，并指其中一位是“夏后启”。这是3000年前左右即有的冠形，又称为五岳冠，绝非某些说法中所说的近2000年前由印度传来的佛教产物。藏传佛教传入后，有的山形冠在其“山”形之上，画上或刻上佛的形象，才有了唐僧帽之类传说，实际上印度佛教并无此物。

除山形冠外，释比的另一类法冠为金丝猴皮做成，下圆上扁，侧看为下宽上窄之三角形。帽上嵌有海贝，顶上有三支皮质的羊角，或三个金丝猴皮卷成的尖。皮质的羊角，说明其未忘羌以羊为总图腾。而三个尖，第一个代表“黑与白”，第二个代表天，第三个代表地，这可能是道教“天、地、人”或“天、地、水”三才或三官崇拜的源头。猴头帽正中镶嵌的圆形铜牌象征太阳。据释比说，戴金丝猴皮帽的原因是，金丝猴为释比之护法神，也是释比的祖师爷。还有的释比在帽上用兽皮和兽牙镶嵌成金丝猴头的形状。

释比的金丝猴皮帽后面，有三根皮飘带，常嵌有海贝。释比额头上，饰有红、黄色飘带，并由两侧垂下，旋跳时随之飘舞，煞是好看。其项上，多挂有各类珠状饰品。

3

4

图1、图2、图3、图4 各式释比帽
释比帽旧时用金丝猴皮制作，现已为野兽皮、羊皮所替代。图中的样式是释比法冠的典型样式，帽子上有三个角，并装饰有兽牙、铜钱、海螺、贝币等物品。

此外，释比的豹皮褂也是其信仰的体现。这豹皮褂，疑由虎皮褂演变而来。羌人崇虎久远，直可追溯到“西王母”时代，但岷山间久已无虎，这俊健硕美的野兽存在传说中已是很久的事了。但岷山多豹，至今如此，故豹皮褂远比虎皮褂易得。

释比的法器中，最著名的就是单面羊皮鼓。单面羊皮鼓出现的时间较早，相传，羌原有文字，但木纳释比带着经书下凡的路上，在走到大雪山——雪隆包时倦了，睡着后，经书被羊吃掉。天神于是托梦给木纳释比，叫他剥羊皮做鼓，一敲鼓时，就会想起经文。这就是关于羊皮鼓由来的民间传说。羊皮鼓面的颜色也具有象征性：释比念诵的经文有上坛经、中坛经、下坛经三种。念诵上坛经即开坛请天神时，所用的鼓面必须用白母羊皮制成；中坛经即婴嫁时，所用的鼓面必须为黑色；下坛经即驱鬼时，用黄色鼓面。

释比还将一些鹰头骨、猴头骨等，挂于颈后，据说都是极具法力的宝贝。此外，释比还有师刀、符板、算簿、法铃等多种法器，其中较为特殊的，是各种法杖。法杖之头部刻有不同的圆雕杖头，或为人（神）形，或为羊、犬、牛头之类。

释比在年节大祭，尤其是一年一度的祭山神的塔子会时，必唱主角。其余婚丧典礼、成年礼、小孩诞生或一般的祛病驱邪等，凡是羌人举行的各种仪式，也都要请释比。释比在部落社会的生活场景中几乎无所不在。在文化发展繁荣的当今社会，释比文化在文化旅游、经济发展建设和构建和谐社会的进程中，仍起着积极的作用。

1

2

3

图1 身穿白裙的释比作法，其手中为烧红的铁链
图2 理县蒲溪乡释比服饰
图3 释比手持法器：响盘
响盘上装饰有兽皮。

本页图 茂县黑虎乡三月三转山会上的释比服饰
后页图 理县蒲溪乡释比服饰

羌族服饰之花——羌绣

羌绣

羌绣是羌族人民智慧的结晶。关于羌绣的起源，有这样一个传说：相传在三国以前，羌族妇女能征善战，三国时诸葛亮派姜维到汶山，屡被羌族女将打败，后来诸葛亮就用符咒织成挑花围腰，送给羌女。羌族妇女喜爱这种挑花围腰，争相效仿，挑花围腰就在她们中流传开了。谁知围腰上诸葛亮画的符把羌族妇女的心给迷住了，从此，羌族妇女便不会征战谋划，只知挑花刺绣。

这当然只是传说，羌绣的产生与发展是建立在纺织发展的基础之上的，有了纺才有线，有了线才能织布。刺绣是用针在布面上绣出各类纹饰，故如没有线就没有布，没有布就谈不上刺绣。各地新石器时代遗址中，都有纺轮出现，或是石质的，或是陶质的。纺线是为了织布，故土制织布机亦相应地出现了。但目前尚无准确的资料说明最早的织布机是何时出现的，根据推测也应当有数千年历史。最早记叙岷山麓生活着会织布的民族的是鱼豢《魏略》：氐"俗能织布，善田种，畜养豕、牛、马、驴、骡"。在几千年前，古氐人即以能织布而闻名。在他们所织的织品中有多种毛纺品及麻纺品，且能织出一些简单的花色。而古羌人与氐人杂居，其生活习俗相互影响自不可免。

刺绣是服装上的装饰，是依附服装发展起来的。当然，后来又辐射到服装以外，成为一种独立的装饰工艺。就传统羌绣而言，因种种缘由，发展本不够成熟。

最早的刺绣，可以上溯到远古时期使用骨针的时代，那就是"补绣"。寻找与服装不同色彩的皮或布，制成一种图案，如羊头、牛头、云纹等，用针将其缝制在服装上，就是最初的补绣了。这种技艺，在原始人中就有出现，而且一直流传到现代。进入铜器、铁器时代，开始有用小针和细线完成的刺绣了，但那是贵族才能享用的刺绣，非一般羌民可触及。岷山地区是蚕丝技术的发源地之一。更早的蚕丝技术使用者还有创造了河姆渡文化的百越人，但百越离居，未能入主中原，故身为黄帝元妃的蜀山氏嫘祖也独立发明了蚕丝技术。就族源而论，嘉戎人当是蜀山氏的嫡裔，却不知为何没有能传承蜀山氏丝织品的技艺。远在汉之前，岷山地区的蜀地就已能织出薄如蝉翼的丝和黄润（一种蜀中特产的细麻布），但仅一山之隔的岷山深处，仍处在茹毛饮血的时代。

在3000多年前的商代妇好墓中，曾出土过一个残存的绣片。据专家分析，其针法是今天仍在羌、苗等少数民族中使用的"锁绣"，而且成为羌区最主要的一种针法。由于迟至元明以来，今羌族的先民方才定居，效仿嘉戎人居于石室碉楼之内。羌绣的兴起，恐还晚于这一时期。许多学者论及羌绣，都言其兴起当在近300年前，也就是清代初年。

现代羌绣的历史不长，在绣品中较为突出的是两个方面：一是单线（主要是白线）在黑色或蓝色的底色上，绣挑出各类图案或花朵。图案原崇尚理县

本页图 茂县曲谷河西村羌族妇女绣制的云云鞋鞋面

1

蒲溪乡羌绣风格，使用强烈的黑白对比，将一切情感都收入简洁明快的针尖线底。现代保留较好而且有所发展的则是茂县永和乡一带的绣法。在纯洁如蓝天的衣衫上，用洁白如云朵般的线，绣出一组组、一朵朵饱满怒放的花，在林间穿行的妇女们，犹如融进蓝天白云之间，美得令人不知不觉地沉醉其间。羌绣的另一种风格以火红的大朵羊角花为特色，其特点是构图饱满，色彩艳丽，具有压抑不住的生命活力。花朵无论如何变形，仍不能掩盖其所体现的热烈，以及那种几乎要流溢出绣品之外的对生命的热情。

现代刺绣的针与线虽于20世纪初已在中国普及，但在羌区仍是很珍贵的，这从他们的针线包的制作工艺上可见一斑。早期的针线包用铜打造而成，以皮绳挂在腰间，并串以兽牙、铜线作为装饰，以防体量太小掉落后不易察觉。20世纪初，还流行车木制成的针线包，不过这两种针线包现已难寻觅。随着生活水平的不断提高，银子打造的各色针线包，渐渐在普通羌民中流行起来。这种小斧状、多数还嵌有珊瑚或绿松石的针线包渐渐多起来，也成为羌妇重要的装饰品。与之同时流行的，还有各色以夹层布制成的针线包，形状有方形的、圆形的、双尖形的、一头圆一头尖形的，内以一叠软布用于插针，并适当放一些线。

羌人的刺绣随意性比较大，一般由刺绣者自己随意剪出样本，贴于要绣之处。羌族妇女刺绣不用竹绷，直接拿在手中刺绣。羌族妇女多是把绣好的小型绣片贴缝于衣服所需要的地方。刺绣时，她们会在需要以刺绣装饰的布上，刷上一层米汤或糨糊，以令布面变硬，便于刺绣。

羌绣之针法颇繁复，各有各的用处，用以绣各类不同的花，或用在不同的位置等等。而且不同情况下对相同的针法所叫名称也有差异，可能是民间或学术上的区别，也可能是地域不同造成的差异。羌绣针法虽多，但大体来讲，以锁绣、十字绣、补绣、挑花刺绣等为主，且同一服装上，会出现不同针法的作品，更加丰富了刺绣的表现力。

图1 理县蒲溪乡羌族妇女在绣绣花鞋
这名妇女正在刺绣的花朵图案是由旧时的獾猪爪图案演变而来的。
图2、图3 茂县黑虎乡羌族妇女在绣云云鞋
图4 理县蒲溪乡河坝村羌族妇女在刺绣

2

3

4

1

2

图1 汶川县龙溪乡阿尔村羌族女式长衫上的羌绣
图2、图4 汶川县雁门乡萝卜寨羌族女式长衫上的羌绣
图4衣襟绣桃花处，以前是钉制在衣服上的银饰，现用绣花替代。

5

6

4

图3 理县木卡乡羌族女式长衫上的羌绣，在满族服饰影响下有所改变
图5、图6 茂县三龙乡羌族女式长衫衣袖上的桃花、牡丹图案
图7 图为茂县河西村羌族儿童头帕羌绣

1

2

图1 理县蒲溪乡大蒲溪村羌族妇女围腰上的羌绣图案
图2 茂县永和乡羌族妇女围腰上的羌绣图案
图3 理县蒲溪乡河坝村羌族妇女围腰上的羌绣图案
图4 理县桃坪羌寨的十字绣绣品
后页图 茂县三龙乡合心坝寨羌族青年妇女在绣花

3

4

常见图案

右页图 汶川龙溪乡阿尔村羌族女式围腰羌绣图案
羌绣的底色主要为黑色、蓝色、白色，黑色显得庄重，蓝色象征海洋，给人空远之感。老年人的服饰图案，偏重于沉静、沉稳，比较朴素、简洁；年轻人的服饰图案，豪放、热烈，富于变化；中年人介于二者之间。

古时的羌族先民或许已可以织出简单的几何纹花样，比如西北出土的各类陶器上的纹饰。古时陶器上之纹饰沿袭千年至今，并非不可能。以凉山州盐源县双河乡老龙头墓地所出土的陶器纹饰为例，与今日凉山彝族衣服及法器上之纹饰相同，流传了2000多年。羌族男青年使用的传统三角鼓肚上的纹饰，其图案与汶川县龙溪乡出土的西周酒器青铜鼎上的纹饰基本一致；妇女围腰上的方形组合纹饰彩绣图案，在用色和图形上都与敦煌莫高窟内的唐代藻井类似。当然，现羌族所流行的腰机所织花纹，有的已有了丰富或发展，但主要纹饰仍为米字纹、万字纹、回字纹、十字纹及八瓣菊纹。值得一提的是八瓣菊（也称为八瓣花）的图案，这图案出现在距今约5000年前的山东大汶口遗址出土的八角星纹陶器上，也几乎同时出现在西部青海的古羌遗址中。这简练的图形，主要还是源于对太阳的崇拜，体现了羌族人民善于观察的智慧。后来，羌绣的图案才加上了从汉区传入的双喜纹、寿字纹等。

服饰刺绣的主体除了往昔留下的图腾痕迹，其余图案也很多，大抵是山间常见的树木、花草及禽兽纹，而且变形颇大。若非当事者讲述，人们很难分辨。在诸多花纹中，较常见的有牡丹纹、菊花纹、牵牛花纹、佛手纹、梅花纹、桃花纹……各种花纹或组合，或变形，形成繁复的变化，以不同形状和色彩，或单独存在，或与各类动物图案相配，出现在各类绣品上，因而使绣品更为丰富。不论衣襟还是头帕、裤脚上的绣品，虽花样繁多，但都以高山杜鹃为主，且多以艳丽的红色来表现（实际上，高山杜鹃的色彩不止一种），一则是因为高山杜鹃色彩鲜艳，二则因为羌族有一个关于高山杜鹃的传说，故羌族特别重视高山杜鹃。在“羊角花的来历”（当地称高山杜鹃为“羊角花”）这个传说中，天神木比塔用羊角花的树干削成了9对小人，成了羌人最初的“人种”。此外，羌族又叫羊角花为“姻缘花”，这是因为女神俄巴巴西住在杜鹃花丛中，凡投胎的男女必经她处，她给每人一支羊角，只有分别得到同一只羊的两支角的男女才能结为夫妻。这个传说的由来大约如华夏传说中女娲建立婚俗一般，也当是纪念羌人曾经的一次婚姻革命。

在今日羌绣的动物纹中，龙纹、狮纹、犬纹、猴纹、蝴蝶纹、锦鸡纹、鹰纹、凤纹、鸟纹等都属常见。其中龙纹、凤纹、狮纹之类，均属在古代未曾有过，或在羌地未曾有过的。平武、青川一带的羌绣中，还可见到由汉民传来的痕迹。但汶川、茂县一带的羌绣中，可以看出其意识虽来源于汉区，但动物的造型都格外稚拙。其“二龙抢宝”及雄狮、

1

小狮之形，确应是羌民独立创造的。风纹不仅造型不似汉区，且在色彩搭配上也体现了羌民独特的审美观。尤其“鹭鸶”之类的小鸟纹、小龙纹，出奇地简练，又能把握其外形特色。

不论色调是彩色还是黑白，蝴蝶纹饰都是比较多见的。小的简练，大的色彩艳丽，而且常在翅膀等大片彩块间装饰上十字纹或回字纹，更增加图案的灵动。卷云纹则是最多见的，因其舒卷自如，变化繁多，与其他花纹又易于搭配，故应用较为广泛，不但出现在围腰、衣袖、裤脚、云云鞋上，而且在衣裳开衩处——易于损坏之处，也常见到各式云纹。开衩处的云纹是用一块其他色彩的布，剪成云纹形状再缝绣在开衩处的纹饰，足见羌女之巧思。同样道理，羌绣中和卷云纹一样多见的还有各类连续或方形的几何图样，它们是大襟、袖口、裤腿、围腰、头帕等上都常用的图案，作为其他大型图案周边的装饰用纹的情形也很多。至于天体纹样，太阳纹、月亮纹、星星纹都有，尤其太阳纹光芒四射，十分生动。但很少见到新月纹。

而大型树木形象的羌绣花纹，以柏树与杉树居多。柏树与杉树是长青的针叶树，且羌寨中的神树、神林也以此二树种为多。柏树寿命长，木质好；杉木直，造房做家具皆不容易变形，而且两种树作为图案都很美。羌民将这两种树木改造成图案后，既抓住了其主要特征进行抽象，又便于让人认出，实属不易。石榴纹是另一种常见纹饰。石榴与蝴蝶一样，寓意多子、多福、多寿，是羌民心中的祈愿。

在羌绣中，有不少组织得很好的、满绣的缠枝纹图案。有的以变形花卉和几何图案相配搭，一方面可以让作品更加有个性，有更多的创新空间。但另一方面，由于没有较固定的规范，也出现了不少不够成熟或搭配稍显不够合理的作品。

2

3

图1 汉川县龙溪乡阿尔村羌族女式围腰上的羌绣团花
图2 理县木卡乡羌族女式头帕羌绣图案
图3 理县木卡乡羌族女式头帕羌绣图案，现代感比较强

1

在各寨的绣品中，似乎理县蒲溪乡蒲溪十寨的挑绣围腰图案相对成熟，也更美一些。如在单独的几何图案中，以“围城十八层”为典范，以层层交错相围的小方形图案相拼合，又以白线相连、相界定，外层配以不同形式的坠穗，及各类变形的花卉图案，使整个绣面既整洁又富于变化。

总之，羌绣有个特点，就是尚无定型的图案，刺绣的工具也不够完善。虽然羌绣要遵循一些寨中或部落共同遵守的规则，但因每个羌女皆能随手绣，大抵随心所欲地绣出所喜爱的式样，故其技艺大有差异。在这种情况下，图案组织不合理、色彩搭配不协调等现象时常出现。但是，其优点也正在于此——创作者可尽量发挥作品的个性。也因此，我们看到刺绣上的纹饰，常不知其为何物。大花，在旧时羌绣中可能都是羊角花，如今变形后则难以指认；长尾的鸟，可能是凤，也可能是锦鸡。在汶川地震后，起初是为“生产自救”，后来是因旅游业的大发展，各羌族聚居地都开起了刺绣训练班，技艺较好的羌妇成了教员。这一举措，不但使羌绣得以传承，且大大地促进了其发展。现在羌寨也出现了不少新的图案，如“凤穿牡丹”等。这图案原来不是没有，只是极不规范。如今不同了，经刺绣培训后，凤凰不再是简单的线描，龙凤图案都很漂亮、成熟，牡丹的图案也亮丽而规整。

图1 汶川县龙溪乡阿尔村羌族女式腰带上的挑花羌绣
图2 北川县羌族妇女围腰上的羌绣图案
图3 茂县永和乡羌族男式腰带上的挑花羌绣
图4 理县桃坪羌族妇女腰带上的羌绣图案

2

3

4

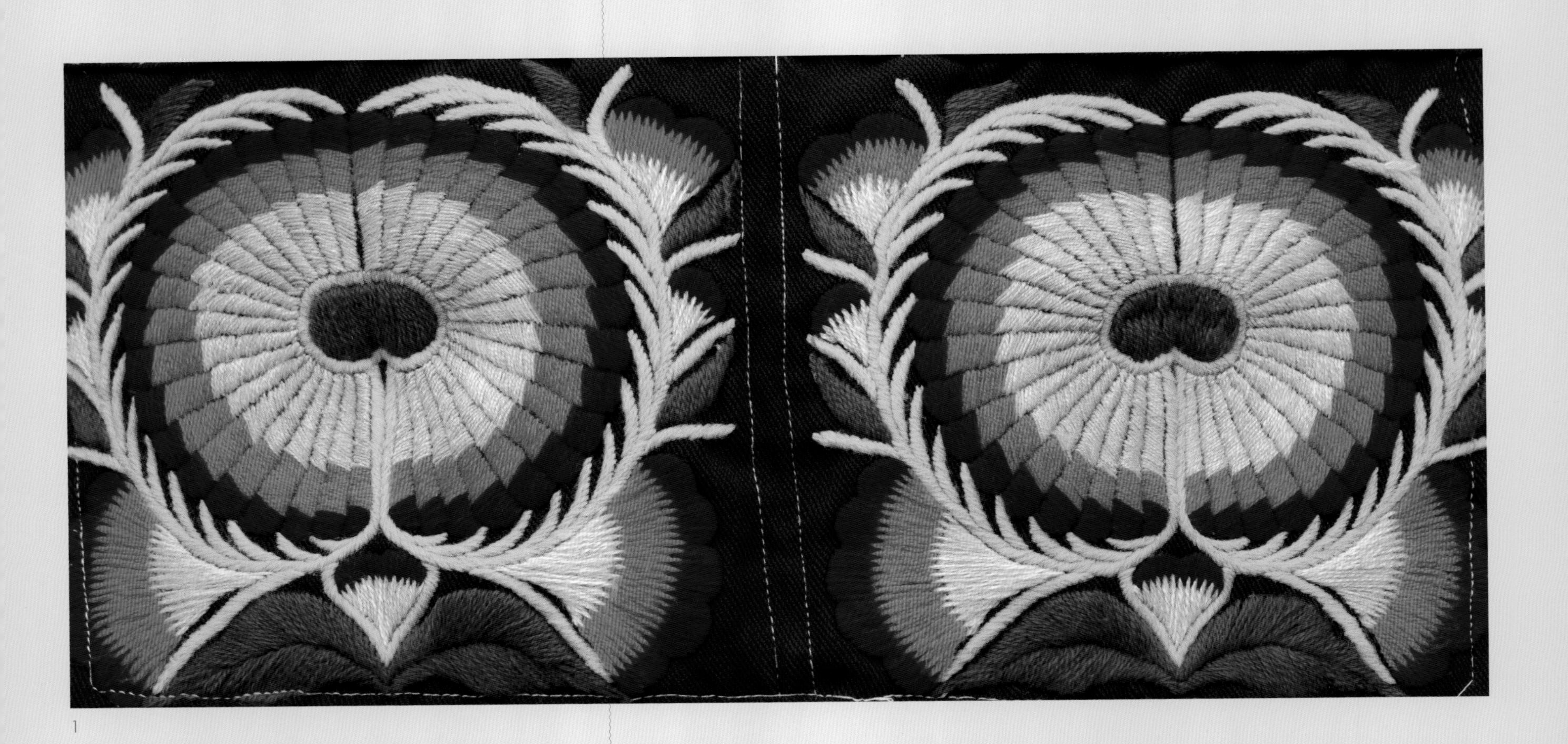

1

图1、图2 茂县渭门乡羌族女式围腰上的羌绣

2

3

图3、图4 汶川龙溪乡阿尔村羌族女式围腰上的羌绣

4

1

2

3

图1 汉川龙溪乡阿尔村羌族女式围腰上的羌绣

图2、图3 羌帕、围腰边子常用锯齿花纹，俗称狗牙齿在羌族五屯中，狗牙齿、回字纹等图案为羌族刺绣中的常用图案，而且，羌族剪纸中也有此类花纹，传统羌族头饰一匹瓦上亦常盖有此种花纹的头帕。图为理县木卡乡木卡村羌族妇女头帕上的羌绣。

右页图 理县木卡乡羌族妇女围腰上的羌绣图案

1

2

3

4

图1、图2 理县蒲溪乡休溪村羌族女式围腰上的羌绣图案

这是最传统、最经典的羌绣，图案有蝴蝶、羊角花、云朵、牙签纹等。绣法是在黑底上用白线进行挑花十字绣。

图3、图4 茂县太平乡杨柳村羌族女式腰带上的羌绣图案

图3图案中有瓜，代表绵绵瓜瓞，寓意子子孙孙繁荣昌盛。

1

2

3

图1 汶川县绵虒镇羌峰村羌族女式围腰上的羌绣
图2 图案呈放射状，给人一种神圣的感觉，体现了羌绣的精美
图3 绣有"囍"字图案的围腰，是羌族新娘着装的一部分
右页图 茂县太平乡牛尾村羌族女式围腰上的图案
第286—287页图：茂县三龙乡羌族妇女头帕上的羌绣
第288—289页图：理县木卡乡木卡村的羌族妇女在挑花刺绣

后记

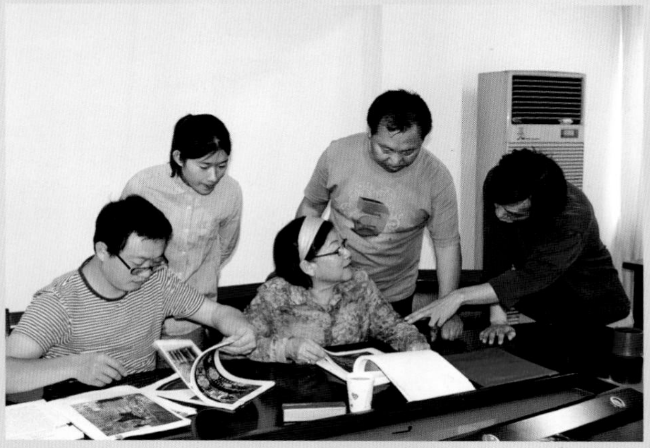

1

2

服饰犹如一个民族文化的写照，记录着该民族的兴衰荣辱和发展方向。深处我国西南边陲的羌族，从炎黄时期开始，就在服饰上不断地进行变化，将服饰从蔽体保暖的实用物品上升到美的层面。在几千年的发展中，羌族有了独具本民族特色的服饰文化。这些服饰展现了羌族的生活环境，诠释了羌族人的信仰，更是羌族儿女智慧的结晶。

然而，随着社会的发展，民族之间的沟通交流日益频繁，不同文化碰撞后，或融合，或被融合。羌族服饰在这场文化盛宴中亦然。作为羌族物质文化的重要组成部分，羌族的服饰在服饰现代化潮流的冲击下，有了各种变形，甚至有被消解的危险。文化是民族之魂，失去文化，就意味着失去民族立存的土壤。因此，传递民族文化，延续民族传统也就成了当务之急。记录、传承、延续中华民族历史中最具视觉吸引力的羌族服饰文化，便是我们编辑《飘逸的云朵·羌族服饰》的目的。

从策划、选材、撰稿、付印到与读者见面，这本书前后耗时近三年。之所以用长达三年的时间去编纂这本全书文字不到10万的图书，与该书的出版难度是密切相关的。

在这三年中，我们花了许多时间搜集、梳理、核实、研究与羌族服饰有关的资料。羌族是一个古老的民族，有自己的语言，但是未能形成自己的文字，几千年的历史全靠羌寨中的释比以唱经的形式进行传承。而这些口述式的历史文化知识，在一代代的传承中，必然存在走样，或者遗失。

服饰是变化的，羌族服饰有它自身的演变过程。因此要编纂一本无文字资料考证的图书，必然困难重重。2011年，我们在决定编辑该书后，就开始了寻访的旅程——寻找羌族文化研究者中最权威、最有代表性的作者。本书的作者邓廷良教授是中国西部少数民族各部族历史与文化的研究者，毕生致力于人类学、少数民族语言、文化、宗教与历史方面的考察与研究，因此他在羌族服饰文化的研究上比较有发言权。此书的第二作者陈静本身就是羌族人，从小吮吸尔玛文化长大的他，抱着弘扬羌族文化的态度，对羌族文化也颇有研究，发表有《尔玛人的服饰》《从“勒斯”“斯基”“磣柏”三个羌语词汇来解读尔玛羌人的宗教信仰》《河西村的火葬习俗实录》等文章。为了避免主观，也为了充盈本书文字，准确传达羌族的服饰文化，我们在和两位作者进行多方论证的基础上，还专程到西南民族大学、阿坝师专等高校请教羌族文化的研究者，去挖掘服饰背后的寓意。

由于羌族服饰的研究者并非都是羌族人，因此，前往羌族聚居地就十分必要了。羌族的服饰是多样的，这在地域差异上体现得特别明显，可称得上“十里不同天”。我们在采风拍摄过程中发现，就算比邻而居的羌族，其服饰也会不同。两地的距离有时仅仅隔了一座山，或者一条河，或者一个弯……为了核实文字，我们前往阿坝州的各个羌寨，寻找村寨中较年长的人，请他们口述自己记忆中的羌族服饰，进一步核实文字。因此，这本近10万字的图书，算得上是一字千金的。

这本书是以图片为主的，通过大量的图片向读者展示了羌族服饰的精美。那些颜色、图案，以及服饰背后的寓意，都诠释着羌族文化的精髓。然而，图片的拍摄与选取却是相当困难的。

本书的图片作者王达军是中国著名的风光人文

3

4

摄影家，已有20多年拍摄羌族服饰的经历。然而，在这本图书的编辑讨论会上，我们仍然感觉图片不够丰富。于是，我社编辑与摄影家、文字作者一行数人又多次进入阿坝藏族羌族自治州，去寻找那些正在遗失的传统羌族服饰。阿坝州幅员辽阔，全州面积达8.42万平方公里，羌族主要聚居在茂县、理县、汶川县等地的乡镇、村寨中，并散居于黑水、松潘等地，因此，羌族服饰的拍摄与考察必须深入阿坝州西南、西北等地的众多羌寨。羌族部落的生活环境都非常恶劣，那些深居在高山上的羌寨，路特别窄，坡特别陡，弯特别急，在这样恶劣的自然条件下，他们不仅生存了下来，还创造了灿烂的羌族文化。随着现代潮流的冲击，年轻一代的羌民或逐渐抛弃原有的传统服饰，或吸收汉族服饰和文化的成分，进行了改良。因此，原汁原味的传统服饰已不多见，一般保存在古羌寨的老人手中。这又给图片资料的搜集增添了难度。为了搜集和拍摄珍贵的传统服饰及用服饰展示羌族的婚丧、释比等民俗文化，我们采用定点联络、提前预约等形式，哪家有婚礼，哪里有丧事，哪个村寨有传统民俗活动，哪里发现有地道的传统服饰，我们都及时前往拍摄，尽量原汁原味地展现羌族服饰和羌族文化。

为了选出最具代表性、最精美的图片，我们多次开会，反复论证，从备选的数千张图片中，好中选好，优中选优，最后采用书中所呈现的500多张照片，用以全面、权威地诠释羌族服饰文化。

资料的搜集并不代表一本书的成型，不论是文字还是图片，都需要根据编排体例进行再加工。此书从古代到近代讲述了羌族服饰各个阶段、各个地域的特色，对羌族服饰中的羊皮褂、长衫、发式及头帕、饰品、鼓肚、围腰、云云鞋等进行了分述，并对羌族的民俗服饰和羌绣进行了图文并茂的介绍。为了保证该书图文的质量，我们对正文与图注近10万字、图片500多张的该书阅读了近十次，并对作者在正文中所提到的观点逐一进行论证。由于文中所涉及的古代文献较多，加之与羌族相关的资料本来就少，这样审校一次书稿需要近半个月。编审的过程是枯燥的，也是最有成就感的。我们坚信，每一次的论证，都意味着图书质量又上了一层台阶。

经过三年的打磨，本书终于面世。在此我们要特别感谢阿坝藏族羌族自治州人民代表大会常务委员会王福耀主任，理县、茂县、汶川县、松潘县、北川县人民政府，阿坝师范高等专科学校美术系的教师们以及理县甘堡乡小学美术教师韩龙康的大力配合和支持，若没有这些帮助和各方面的支援，这本书不可能以目前的面貌呈现于读者面前。

四川美术出版社

图1 本书的主编与责编、设计人员商讨稿子的设计方案
图2 羌族服饰的摄影作者与文字作者在去羌寨采风的路上
图3 热情好客的羌族人欢迎远道而来的摄影作者，并为他敬上咂酒
图4 摄影作者与羌寨居民合影留念

中国民族服饰文化书系

总 主 编：李元君

总 设 计：杨林青

《飘逸的云朵·羌族服饰》

主　　编：张　京

撰　　文：邓廷良　陈　静

摄　　影：王达军

责任编辑：汪青青　田　曦

特约编辑：高微茗

书籍设计：杨林青　朱倩倩　蒙　希

责任校对：蓝　海

编辑委员会

主　　任：张　京

副 主 任：马晓峰

成　　员：余其敏　田　曦　黎　伟　汪青青

作者简介

张京

编审，1976年9月起从事编辑出版工作，现任四川出版集团有限责任公司副总裁、新华文轩出版传媒股份有限公司总编辑、四川省出版工作者协会副主席。全国百佳出版工作者，享受国务院特殊津贴。

邓廷良

藏族，青海果洛人，1943年生于重庆，著名历史学家、人文学家、探险家，中国西部少数民族各部族历史与文化的研究者、中科院研究员。先后被北京大学、四川大学、西南师范大学、四川美术学院、四川音乐学院等多所大学聘为教授、博士生导师。主要致力于人类学领域的少数民族语言、文化、宗教与历史方面的考察和研究。

陈静

羌族，现任教于阿坝州中等职业技术学校，长期从事羌族文化研究，对羌族服饰也颇有见解，发表有《尔玛人的服饰》《从"勒斯""斯基""磙柏"三个羌语词汇来解读尔玛羌人的宗教信仰》《河西村的火葬习俗实录》等文章。

王达军

重庆人，中国当代著名风光人文摄影家，系中国摄影家协会副主席，四川省摄影家协会主席，成都国际摄影交流中心主任。自1972年学习摄影以来，数十年钟情青藏高原和巴蜀大地，拍摄了大批中国西部风光、藏地风情和巴蜀人文的图片，并形成了自己独特的摄影艺术风格，是中国20世纪后期西部风光人文摄影具有代表性的摄影家之一，两次荣获中国摄影艺术最高奖项——中国摄影金像奖。

图书在版编目（CIP）数据

羌族服饰：飘逸的云朵 / 张京，李元君编. — 成都：四川美术出版社，2014

（中国民族服饰文化书系）

ISBN 978-7-5410-6138-7

Ⅰ. ①羌… Ⅱ. ①张… ②李… Ⅲ. ①羌族—民族服饰—介绍—中国 Ⅳ. ① TS941.742.874

中国版本图书馆 CIP 数据核字 (2014) 第 250648 号

中国民族服饰文化书系　飘逸的云朵 · 羌族服饰

ZHONGGUO MINZU FUSHI WENHUA SHUXI

PIAOYI DE YUNDUO QIANGZU FUSHI

出 品 人：马晓峰	主　　编：张　京
责任编辑：汪青青　田　曦	编辑助理：陈　玲
特约编辑：高微茗	责任校对：蓝　海
责任印制：曾晓峰　安晓贤	书籍设计：杨林青　朱倩倩　蒙　希

出版发行：四川美术出版社

地址：成都市三洞桥路 12 号　　邮编：610031

经销：新华书店

印刷：北京雅昌艺术印刷有限公司

成品尺寸：262mm × 340mm

印张：37

图片：507 幅

字数：100 千字

版次：2015 年 1 月第 1 版

印次：2015 年 1 月第 1 次印刷

书号：ISBN 978 - 7 - 5410 - 6138 - 7

定价：698.00 元

四川地图由四川地图出版社审定

审图号川 S（2014）48 号